JN206762

手づくりのスタンドに季節の花を

素敵に飾る
小さな庭

黒田健太郎

家の光協会

はじめに

庭に寄せ植えや鉢植えを飾って、植物のある生活がしたい。
そう思っている人は多いでしょう。そして、実際にお気に入りの鉢を飾るときに、
「どこへ置いたら素敵に見えるだろう」と迷うこともあるのではないでしょうか。
殺風景な庭にぽつんと置いただけでは、せっかくの花のよさが生かされません。
花を素敵に見せるには、「どこへ」、「どう置くか」が大切なのです。

園芸店には、植物や植木鉢が目移りするほど並んでいますが、
その鉢を飾るための花台などはあまり多く扱われていないのが実情です。
雑貨店やアンティークショップなどでも、ちょうどよいサイズや好みのデザインのものは
なかなか売っていないし、雨ざらしになるので、高価なものは避けたい。

「そうだ、簡単な細工で、自分好みの、ぴったりな花台をつくっちゃおう」
わたしの店でも、そんなきっかけで、鉢植えや寄せ植えをディスプレイする
スタンダードな花台やテーブルをつくるようになりました。
ペンキの色や塗り方でいろいろな雰囲気に仕上げることができますし、
ホームセンターの木材は安価で入手できます。

本書では、簡単な工程でできる花台やテーブル、使い勝手のよいウッドボックス、
個性的なプランターなどを紹介し、つくり方をわかりやすく解説しています。
もちろん、それらを使った植物の飾り方から、寄せ植えや花壇のつくり方まで、
庭を飾るためのすべてのテクニックも詳しく掲載しています。
「プロに頼まなくても、お金をかけなくても、こんな簡単にできちゃうんだ」と
みなさんの背中を少しでも押すことができたら、
そして、DIYやガーデニングの楽しさを知ってもらえたら嬉しいです。

まずはお気に入りの植物を見つけに出かけましょう。
そして好みの花台をぜひDIYしてみましょう。
自分がつくった花台に自分の植えた植物を飾ったら、
その可愛らしさに、つい顔がほころんでしまうことと思います。

黒田健太郎

Part 1　寄せ植えを飾る

Part 2　鉢植えを飾る

Part 3　花壇をつくる

ＤＩＹの基本とアイテムのつくり方

本書について

* 植物名は、学名、和名など一般的に知られている名称を表記しています。
* 科名に（　）で２つ表記があるものは、最近の分類が分かれているものを示します。
* 開花期や葉の鑑賞期は、関東地方以西を基準にしています。
* 株の大きさは、商品によって異なります。使うスペースに合わせて、株数を選んでください。

Part 1
寄せ植えを飾る

季節の草花で寄せ植えをつくったら、飾る場所を決めましょう。
地面に置くのか、花台などにのせて高さを出すのか、
どの目線で見るときれいに見えるのかをよく考えます。
どっしりとしたプランターなら、存在感があるので
安定のよい場所にじかに置いて上から眺めてもよいでしょう。
重量の軽い浅いバスケットやブリキの容器なら、
テーブルやスツールの上に置いて、
目線を下に落とさなくても視界に入るほうがいいですね。
お気に入りの鉢で素敵な寄せ植えをつくっても、
自然と視界に入ってくるようでなければ意味がありません。
「ここを見てください」という場所（フォーカルポイント）をつくって
ぜひ自慢の寄せ植えを飾ってみましょう。寄せ植えをつくる際には
店員さんにも植物の性質を確認して、なるべく手間いらずで
長い間、次々と咲いてくれる草花を選ぶことも大切です。
寄せ植えは、たくさんの花色を合わせると難しくなりますので、
単色（白など）に限定するか、あるいは、反対色（紫と黄色など）、
同系色（赤とオレンジなど）、グラデーション（濃い紫と薄い紫など）のように
２～３色に抑えると、まとまりやすくなります。

スツールのつくり方→ 94 ~ 97 ページ
寄せ植えのつくり方→ 12 ~ 13 ページ

01
寄せ植えの美しさをぐっと引き立てる シンプルなスツールを玄関先の特等席に

玄関先で、美しい寄せ植えに出迎えられると
だれでも、気分が上がるものではないでしょうか？
寄せ植えは、地面にじかに置くと、見下ろす形になりますが
スツールにのせるだけで目線の高さが上がり、視界にすっと入ってきます。
春先には、アイスブルーのスツールに、爽やかな白い花の寄せ植えを飾って。
メインの寄せ植えは、白いミニバラを主役に、
春らしさをもたらすライムグリーンの葉と組み合わせました。
背の高いスツールには、安定感のよい浅い鉢を置くとバランスがよく、
つる性の植物で流れをつくり、スツールとの一体感をもたせます。
背の低いスツールには、高さを出した寄せ植えで縦方向に動きを出して。
高さの違う２つをずらして並べることで、奥行き感も生まれます。

【植物の選び方・使い方】

小さいながらもボリュームのあるミニバラをベースに、シュッと縦に伸びる葉、ふわふわとした小花、流れのあるつる性の葉を組み合わせて、軽やかな動きを演出しました。

ポイントとなる花

バラ‘グリーンアイス’

バラ科　開花期：４～11月

春の寄せ植えのメインにおすすめ。爽やかな花色が人気のバラです

小～中輪の四季咲き性の小型バラで、開花期間が長く、耐病性が強く、育てやすい。白から淡いグリーンに変化する花色も美しく、今回は樹形を生かし、こんもりと植えました。花後、樹高の約半分で切り戻すと、再び枝先につぼみが。

トリフォリウム・アルヴェンセ

マメ科　開花期：５～10月

ふわふわとした愛らしい花穂は春の優しい雰囲気をかもし出します

やや渋さもある色みながら、独特の存在感で寄せ植えの主役にも。ふわふわとした花穂がたくさん咲き、寄せ植えでは枝の広がりを生かします。夏の高温多湿には弱いものの、秋まで次々開花。ドライフラワーにしても。別名バニーズ。

ユーフォルビア‘ダイヤモンドフロスト’

トウダイグサ科　開花期：５～10月

暑さや乾燥に強く、春～秋にかけて使い勝手のよい花です。ふわりと広がる草姿を白バラの横に置き、楚々とした表情を添えて。花に見える白い部分は苞(ほう)で、花は目立たない。低い位置で切り戻しても大丈夫。

→ p.18、23、81でも紹介

グレコマ‘ライムミント’

シソ科　葉の観賞期：周年

白い斑入り葉は美しく、鉢からつるが垂れる姿も絵になり、軽さと動きを添える働きが。４～５月には淡紫色の花が咲き、寒くなると茎や斑の白い部分がピンクに。葉や茎に爽やかな香りがあり、ハーブとして活用されることも。

スノードラゴン

キジカクシ科　葉の観賞期：周年

暑さ寒さに強く、丈夫な常緑多年草。細長い、白い斑入りの葉が中心から勢いよく広がる姿は、寄せ植えに柔らかい印象を与えます。どんな植物とも合わせやすいので重宝。グラウンドカバーとしても利用できます。

フィゲリウス‘レモンスプリッター’

ゴマノハグサ科　(オオバコ科)
葉の観賞期：４～11月

葉に表れるライム色の散り斑模様が個性的。寄せ植えに加えると、爽やかなアクセントに。初夏と秋に花茎が立ち上がり、赤い筒状の花が開花。枝が伸びたら、切って形を整えて。比較的暑さ寒さに強く、冬は地上部が枯れます。

リーフ類をよく見て。色のトーンは揃っているのに形状はさまざま。花１種でもリーフ類で変化を出せば魅力的な寄せ植えに仕上がります。

フロックス・ディバリカータ

ハナシノブ科　開花期：４～６月

横に這う性質なので低く茂ります。花つきはよく、群れるように咲き誇ります。淡い花色はほかの植物ともよくなじみ、可憐な印象の寄せ植えにぴったり。茎の流れを生かして使うとよいでしょう。石鹸のような香りも心地よい。

木製ボックスの寄せ植えは、スツールの台面に対して小さめ。そんなときは、小さい鉢やオブジェなどと一緒に飾れば、バランスよく。

ツリージャーマンダー

シソ科　開花期：５～７月

シルバーグリーンの葉と枝は美しく、寒冷地以外なら冬でも枯れません。初夏に咲く薄いブルーの花色との対比もきれい。放任すると枝は伸びて暴れがちに。寄せ植えの際は、枝の流れを生かして向きを決めます。剪定に強いので、好きな形に切っても。

コゴメウツギ

バラ科　開花期：５～６月

落葉低木。ウツギの花が咲くころに、米を砕いたような白い小さな花をつけることから命名。ライム色の白い斑入り葉がきれい。丈夫で育てやすいですが、放置すると茂りすぎるので、花後に飛び出た枝を切りましょう。

パセリ

セリ科　葉の観賞期：周年

濃い緑色の縮れた葉が特徴のハーブで、独特の香りがあります。小さな鉢でも育てられます。よく茂るので、適当に間引いて風通しよく。冷涼な気候を好むので夏は苦手。淡い緑色の寄せ植えの近くに置くとアクセントに。

【寄せ植え（大）のつくり方】

背が低く、丸い形のバスケットには、こんもりとした寄せ植えが似合います。同じライム色で形状の違うリーフ類は、鉢の縁からあふれるように植えるのが素敵に見せるコツです。

●植栽図

a　バラ‘グリーンアイス’４株
b　スノードラゴン
c　ユーフォルビア‘ダイヤモンドフロスト’
d　グレコマ‘ライムミント’
e　フィゲリウス‘レモンスプリッター’

a(1)　a(8)　b(3)　a(2)　e(7)　c(4)　d(6)　a(5)

＊（　）内の数字は植える順番

●用意するもの

アイアン製バスケット（直径35 ×高さ16 cm）
ココヤシファイバー
鉢底石、培養土

1

土がこぼれないよう、厚さ２～３cm の固まりにしたココヤシファイバーを、バスケットの側面と底に敷く。鉢底石（赤玉大粒でも）を、鉢の高さの ⅙ を目安に入れる。

2

鉢の半分ほどの高さまで培養土を入れ、バラ（１）を植える。外側を低く、内側（鉢の中央部分）が高くなるように植え、全体的に丸いシルエットに。１株植えるたびに、株元に土を寄せていく。

3

鉢の中央にバラ（２）を植える。寄せ植え全体の頂点（＝高さ）が、この株で決まる。最初に植えたバラと滑らかにつながり、半円を描く感じになるとよい。

4

スノードラゴン（３）を、バスケットの縁から細葉が飛び出す感じになるように植える。続いてユーフォルビア（４）を、株を見て、長い枝が外を向くように植える。半円を描くようなシルエットになるように意識する。

5

バスケットの正面中央にくるバラ（５）を、花つきのよい部分が正面を向くように植える。寄せ植えに動きを出すグレコマ（６）を植える。伸びたつるが、バスケットの右端から中央に流れるように植えるのがポイント。

6

フィゲリウス（７）をグレコマに沿わせて植え、最後に、バラ（８）を植える。株の向きを見て、鉢の縁側が低く、中央部分は高くなるように植える。土が多すぎる場合は、土を掘り出してから植える。

【寄せ植え（小）のつくり方】

奥行きのない横長ボックスなので、植物は横並びに植えることになります。そんなときは、高低差のある植物を隣同士で組み合わせると、ナチュラルで見栄えよく決まります。

●植栽図

a　フロックス・ディバリカータ
b　コゴメウツギ
c　ツリージャーマンダー
d　トリフォリウム・アルヴェンセ

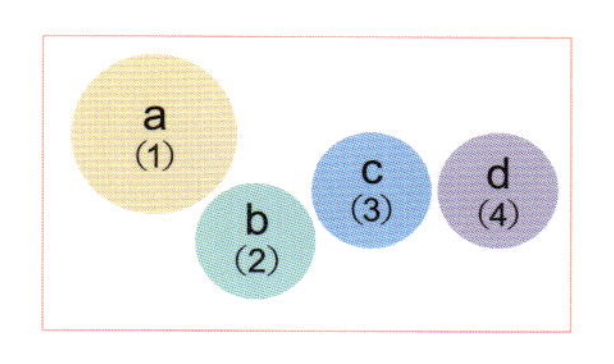

＊（　）内の数字は植える順番

●用意するもの

木製ボックス（幅30×奥行き14×高さ15cm）
＊底にすき間があいているもの。排水できない箱の場合は穴をあける
ビニール（ゴミ袋などでもよい）
マルチング用のコケ
鉢底石、培養土

1

木製のボックスは、水やりなどで腐食しやすいので、ビニールを敷く。排水用の穴をあけるため、ビニールを数回折りたたみ、パンチやハサミで穴を5か所ほどあける。鉢の底の部分だけに、穴があいていればOK。

2

鉢にビニールを敷き、鉢底石を入れ、培養土を鉢の半分の高さまで入れる。培養土を鉢の側面や四隅に広げ、ビニールを鉢にぴったりと合わせる。鉢の縁からはみ出た余分なビニールを、ハサミで切り取る。

3

右利きの場合は、左端から植えると植えやすい（左利きの場合は右端から）。まずは、左側に花が咲く部分がくるようにフロックス（1）を植える。その手前にコゴメウツギ（2）を植える。枝が鉢の縁からあふれ出るように入れる。

4

ツリージャーマンダー（3）を植える。枝ぶりを見ながら、左隣に植えたコゴメウツギや、手前の鉢の縁に少しかかるように植えることで、よりナチュラルに仕上がる。

5

最後に、トリフォリウム（4）を植える。枝が広がり暴れぎみなので、全体のバランスを見ながら、株の向きを決める。今回は、左右に枝の広がりを感じられるように植えた。

6

隣り合う植物の高さを揃えず、暴れぎみの株を使うことが、少ない苗数でも素敵に見せるコツ。最後にビニールや土を隠すために、コケを敷く。バークチップやジャリなど、敷くもので雰囲気は変わるので、お好みのものを。

02
背の高い深緑色のスツールには横にボリュームのある夏の寄せ植えを

夏の強い日差しに映える、鮮やかなオレンジや黄色の花を引き立てるのは、青みがかった深緑色のスツールです。赤などの暖色系や白い花もよく合います。スツールが高いので低めの鉢を選び、こんもりとした形に仕上げると、バランスよく決まります。マリーゴールドやジニアというカジュアルな花だからこそ、バスケットのラフな雰囲気がぴったり。クルクルとカールしたオリヅルランと、シャープな小葉のヘデラ。スツールとの一体感を出すために垂らすグリーンによって、夏の定番花がこんなにもスタイリッシュな表情を見せてくれます。

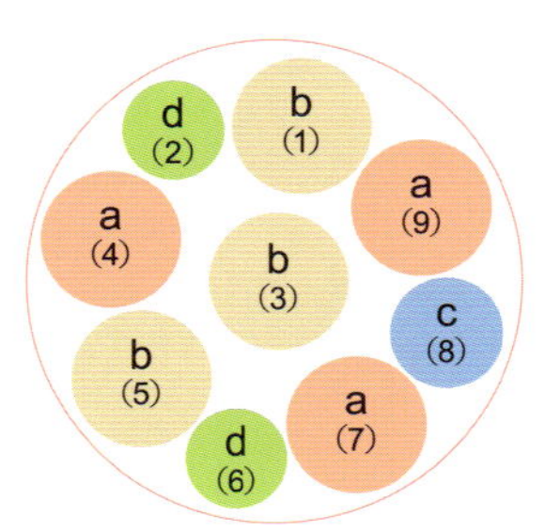

＊（　）内の数字は植える順番

●植栽図

a　ジニア‘プロフュージョン’3株
b　マリーゴールド‘ストロベリーブロンド’3株
c　オリヅルラン‘ボニー’
d　ヘデラ‘アイリッシュレイス’ 2株

●用意するもの

バスケット（直径 30 ×高さ 21cm）
ビニール（ゴミ袋などでもよい）
鉢底石、培養土

スツールのつくり方→ 94 〜 97 ページ

03 背の低いナチュラルな茶色のスツールには縦に伸びゆく秋の寄せ植えバスケットを

晴れ渡る秋空に向かって、伸びやかに広がる高さのある寄せ植えは、背丈の低いスツールに飾るとバランスもよく、素朴な表情が生きます。主役は、紫色の実をつけるムラサキシキブ。反対色の黄色い花を咲かせるビデンスとの組み合わせが印象的です。さらに、赤紫色の花、サルビアで軽快な動きを添えて。オイルステインで塗装し、木目の美しさを生かしたスツールだから、垂れ下がるグリーンで天板を隠すより、ニューサイランのようにシュワッと広がるグリーンで、すっきりと見せます。

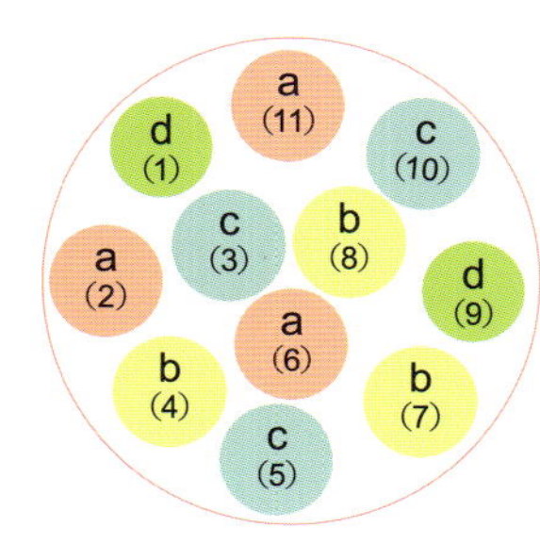

＊（　）内の数字は植える順番

●植栽図

a　サルビア‘ラブアンドウィッシュ’ 3株
b　ビデンス‘イエローキューピッド’ 3株
c　ムラサキシキブ　3株
d　ニューサイラン‘ブロンズベビー’ 2株

●用意するもの

バスケット（直径30×高さ15cm）
ビニール（ゴミ袋などでもよい）
鉢底石、培養土

スツールのつくり方→ 94 〜 97 ページ

プランターカバーのつくり方→ 98 ~ 99 ページ
寄せ植えのつくり方→ 19 ページ

04
小花をミックスさせた、花畑のような プランターを連ねて、玄関へと誘う

玄関先などを四季折々の花で華やかに彩る、横長プランター。
とくに市販のプラスチック製のものは、リーズナブルで耐久性がありますし、
軽くて移動も簡単にできるなど、使い勝手のよさから人気があります。
唯一の欠点、見栄えの悪さを、プランターカバーで解消しましょう。
ダークグレー色は、どんな花色も素敵に引き立てるのでおすすめです。
初夏から始めるなら、アンゲロニアやロシアンセージなど、
風に揺れる姿が涼しげな穂状の花がぴったり。
高温多湿な日本の夏にも強く、育てるのも難しくありません。
初夏から晩秋まで、途切れずに次々と開花するので、長く楽しめます。
ピンクと白の優しい色合いに、アクセントを添えるのが、
真っ赤なペンタス。寄せ植え全体をピリッと美しくまとめ上げます。

【植物の選び方・使い方】

穂状に咲く小花を集めた淡い色合いの寄せ植えは、優しいけれど、単調で印象がぼやけてしまいがち。色も形も、他の花と違う1苗を加えることで、魅力が際立ちます。

ポイントとなる花

ペンタス

アカネ科　開花期：5〜11月

愛らしい星形の小花をアクセントに。猛暑にも強く、咲き続けます

枝先に房状に咲く小さな星形の花は、寄せ植えの主役にもアクセントにもなります。暑さに強く、晩秋まで次々と咲きますが、寒さに弱く一年草扱いに。花がらは房ごと切り取ると、次の花が咲きやすい。花色は白、ピンク、紫も。

アンゲロニア

ゴマノハグサ科（オオバコ科）　開花期：6〜10月

暑さに強く、華があるため、夏の寄せ植えの主役として人気

花色は豊富で、小花が穂状になって咲く姿は軽やかで愛らしい。暑さに大変強く、連続開花するため、主役としても人気。花後は、花茎ごと下のほうで切るとわき芽が伸びて次の花が。水切れに注意。越冬には10℃以上が必要。

ネコノヒゲ

シソ科　開花期：６～11月

白い花から伸びる雄しべと雌しべが、猫のヒゲを連想することからこの名に。草丈が高いので、後方に植えると好バランスです。花後は短く切り戻すと、次の花茎が伸びます。暑さに強く丈夫ですが、寒さに弱く一年草扱いになります。

ロシアンセージ 'リトルスパイヤー'

シソ科　開花期：7～10月

シルバーがかった葉とラベンダー色の小花がおしゃれ。普通種の高さの半分ほどしか育たない小型種で、プランター向き。繊細なので固めて植えると、存在感が生きます。花後、短く切ると姿が整い、花もよく咲きます。冬は落葉し、春に芽吹きます。

ユーフォルビア 'ダイヤモンドフロスト'

トウダイグサ科　開花期：５～10月

細かく分枝した先に白い小花を咲かせ、株は低くこんもりとして優しげ。プランターの角などに植えるとレースのように広がり、すき間をふんわりと隠してくれます。高温多湿でも元気に育ちます。

→ p.10、23、81でも紹介

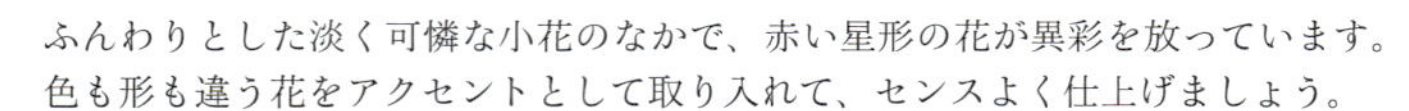

ふんわりとした淡く可憐な小花のなかで、赤い星形の花が異彩を放っています。
色も形も違う花をアクセントとして取り入れて、センスよく仕上げましょう。

【寄せ植えのつくり方】

プランターは横幅があるので苗数は必要ですが、花を４～５種類に絞るときれいにまとまります。
背面のある場所で楽しむため、正面とサイドから見られることを意識しましょう。

●植栽図

a　アンゲロニア　３株
b　ユーフォルビア
　‘ダイヤモンドフロスト’　３株
c　ペンタス
d　ネコノヒゲ　２株
e　ロシアンセージ
　‘リトルスパイヤー’３株

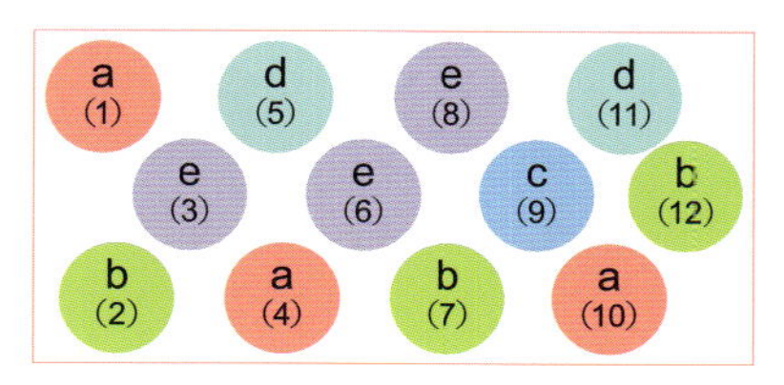

＊（　）内の数字は植える順番

●用意するもの

プラスチック製プランター（幅 49 ×奥行き 22 ×高さ 17.5 cm）
＊マルマン box プランター＃ 500 を使用
培養土

1

培養土をプランターの半分ほどの高さまで入れる。ウォータースペースを残し、アンゲロニア（1）を左方向に倒しぎみに植える。1苗ごとに土を寄せるが、苗の元の土の高さと揃えることが大事。株元を土で埋めると枯れる原因に。

2

左の隅を覆い隠す感じで、ユーフォルビア（2）を植える。枝の広がりが､プランターカバーの縁にかかる感じにするときれい。

3

寄せ植えに繊細な動きを添えるロシアンセージ（3）を植え、プランターカバーの縁にかかるようにアンゲロニア（4）を植えたら、背丈のあるネコノヒゲ（5）を後方に真っすぐに植える。

4

ネコノヒゲの手前にロシアンセージ（6）を植え､ユーフォルビア（7）をプランターカバーの縁にかかるように植える。後方にロシアンセージ（8）を植え、全体のアクセントとなる赤いペンタス（9）を、中央より少し右寄りに植える。

5

プランターカバーの縁にかかるようにアンゲロニア（10）を植える。後方に、背丈のあるネコノヒゲ（11）を植える。枝の向きを見ながら真っすぐに植える。

6

最後の１株、ユーフォルビア（12）を植える。残りのスペースに入るよう、苗の向きを合わせつつ、枝が右に広がるようにすると、ナチュラルな感じで仕上がる。

手付きプランターのつくり方
→ 100 ~ 101 ページ
寄せ植えのつくり方→ 23 ページ

05
まるで、持ち運びできる“ミニガーデン”手付きプランターに伸びやかな花々を

小さいながらも移動式のマイガーデンがあったら、楽しいと思いませんか。
好きな場所に飾って、お気に入りの“庭”を愛でるなんて、まさに至福の時間！
それを叶えてくれるのが、取っ手付きのプランターです。
明るく鮮やかな若草色のプランターが映えるのは、優しい黄色。
色合いの違う３種の黄色でグラデーションを描き、立体的に仕上げました。
手付きプランターの魅力を生かした、寄せ植えづくりの最大のコツは、
取っ手と左右の柱を植物で隠してしまわないことです。
この枠のなかに絵を描く感覚で、植物の高さや配色を決めていきましょう。
とはいえ、枠に収まりすぎてはもったいない。
プランターの手前や左右から、植物を伸びやかにあふれ出させて。
取っ手に絡めたヘデラも、ナチュラル感たっぷりです。

【植物の選び方・使い方】

プランターとの色合わせが大事。若草色に合わせて、黄色い小花を３種選びました。取っ手より背丈の低い植物を選び、手前の縁からは花やグリーンがあふれ出るように植えています。

ポイントとなる花

ジニア‘ジャジー’
キク科　開花期：５〜11月

ポップなカラーの鮮やかな花を長期間咲かせます

黄色〜赤色を基調とした花色は１輪ごとに違い、表情が豊か。草丈が持ち手の高さとほぼ同じなので、寄せ植えの骨格としました。花がらは摘み取り、ある程度咲いたら、切り戻して新しいわき芽を促します。暑さに強く、丈夫です。

ジニア・リネアリス
キク科　開花期：５〜11月

主張しすぎない小花なのでほかの花ともよくなじみます

細い茎を株元から分枝させて、こんもりと生育。細長い葉と小輪の花は愛らしく、主張しすぎずほかの花とのなじみもよいです。穂状の花などの間から見え隠れする姿は、明るく印象的。病気や蒸れに強く、秋まで長期間咲き続けます。

ダールベルグデージー
キク科　開花期：５〜11月

強さのあるジニアに対して可憐で軽やかな小花を

野菊のような可憐な小花が、株を覆うように次々と開花。葉も小さく繊細で、清涼感のある香りがあります。草丈は低く、寄せ植えの名脇役としても重宝。花がらは摘み取り、伸びすぎたら切り戻すと、わき芽が出てきます。

フロックス
‘クリームブリュレ’

ハナシノブ科
開花期：５～７月

クリーム色の花が人気の一年草。花色が紫やピンクになることも。カラフルなジニア‘ジャジー’の花色を引き立て、寄せ植えにほどよい存在感を添えています。房状に花をつけるので、ある程度咲き切ったら、花茎を株元から切り取ります。

ベロニカ
‘ユニークベイビーホワイト’

ゴマノハグサ科（オオバコ科）
開花期：５～７月

穂状に咲く白い花が爽やか。一般的なベロニカより草丈が低くコンパクトなので、プランターの手前に植えると、動きを添えてくれます。丈夫ですが、暑さが苦手。花後に低い位置で切り戻すと、高温期でなければ繰り返し咲きます。

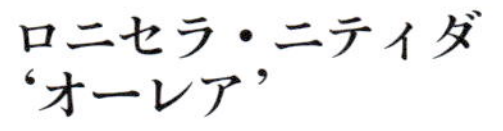

ロニセラ・ニティダ
‘オーレア’

スイカズラ科
葉の観賞期：周年

小葉が密集してコンパクトに茂る常緑低木です。寄せ植えでは手前に植え、優しい雰囲気をつくっています。大きくなる木ですが、丈夫で剪定に強いため、伸びたら短く切ってOK。暑さ寒さにも強く、一年中きれいな葉色を保ちます。
→ p.78 でも紹介

ニューサイラン
‘サーファーブロンズ’

キジカクシ科
葉の観賞期：周年

すっと伸びた直線的な葉が特徴の常緑多年草。葉色は赤や斑入りなど多彩で、茶色がかった葉に赤い縁取りが入るのがサーファーブロンズです。小型の細葉は、寄せ植えの引き締め役に重宝します。傷んだ葉は根元から刈り込んで。

見せ場は中央のジニア‘ジャジー’。赤茶色の花色に呼応し、くすんだ花色のフロックス、赤い縁取りのニューサイランを近くに配し、色をつなげます。

ユーフォルビア ‘ダイヤモンドフロスト’

トウダイグサ科　開花期：5～10月

草丈30～40cmでふんわりと広がる草姿は、寄せ植えの引き立て役。空間を埋めるだけでなく、高低差のある植物のつなぎ役としても活躍してくれます。伸びすぎたときは短くカットして大丈夫。新しい枝先に、花を咲かせます。

→ p.10、18、81でも紹介

ヘデラ ‘シャムロック’

ウコギ科　葉の観賞期：周年

色や形のバリエーションが非常に豊富。つる性なので絡めたり、垂らしたりして寄せ植えに動きを出してくれます。植える場所に合わせて、株分けするのも簡単。丈夫で育てやすく、寒さで葉は多少黒ずみますが、耐寒性は強いです。

ロータス・ヒルスタス ‘ブリムストーン’

マメ科　葉の観賞期：周年

明るい葉色でふわふわとした印象のグリーン。小さい株は寄せ植えに使いやすく、爽やかさを添えます。鉢の縁から枝垂れるように使い、動きを出すことも。寒さに強く、戸外で越冬できますが、暑さは苦手なので蒸れや過湿に注意。

→ p.42でも紹介

プリペット ‘バリエガータ’

モクセイ科　葉の観賞期：周年

常緑性の小葉に白や黄色の斑が入ります。春の枝先につく穂状の白い小花には香りも。低木なので大きく育ちますが、小さいうちは寄せ植えの主木や背景をつくるカラーリーフとしてもおすすめです。生育旺盛で育てやすく、刈り込みにも強い。

→ p.78でも紹介

【寄せ植えのつくり方】

手付きプランターに、排水用の穴を開けたビニールを敷き、鉢底石、培養土を入れて（p.13／つくり方①、②）植え始めます。ヘデラのつるを取っ手に絡ませると、ナチュラルな雰囲気に。

●植栽図

a　ジニア ‘ジャジー’　2株
b　フロックス ‘クリームブリュレ’
c　ダールベルグデージー
d　ベロニカ ‘ユニークベイビーホワイト’
e　ジニア・リネアリス
f　ユーフォルビア ‘ダイヤモンドフロスト’
g　ヘデラ ‘シャムロック’　3つに株分け
h　ロータス・ヒルスタス ‘ブリムストーン’
i　ロニセラ・ニティダ ‘オーレア’
j　ニューサイラン ‘サーファーブロンズ’
k　プリペット ‘バリエガータ’

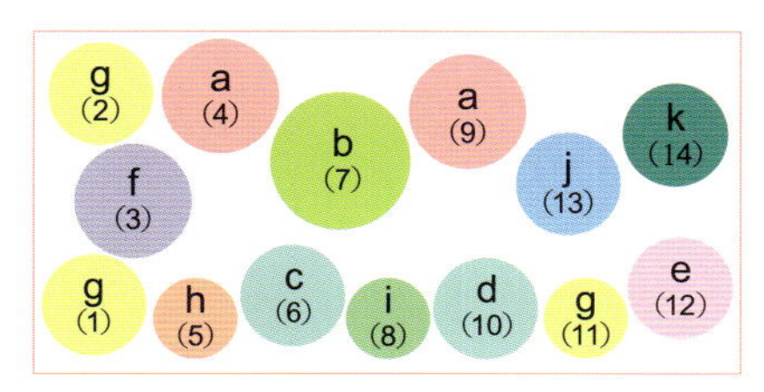

＊（　）内の数字は植える順番

●用意するもの

ビニール（ゴミ袋などでもよい）
鉢底石、培養土

06

季節や植物を選ばない万能なクリーム色。秋らしさを出すなら、高さのある草花を

優しい色合いのプランターカバーは、飾る場所を選ばない万能選手。春の明るい色も、鮮やかな夏の彩りも、美しく引き立てます。秋らしさを表現するコツは、①背の高いグラス類を取り入れること、②紅葉を感じる赤や黄色、オレンジの色合わせをすること。主役は真っ赤なケイトウで、背景にしたのは穂がきれいなペニセタム。２つの植物の高低差を、オルトシフォンやサルビアがつなぎ、秋の情景をしっとり描きます。背の高い植物を植えるなら、鉢の深さの倍以上を目安にすると好バランス。

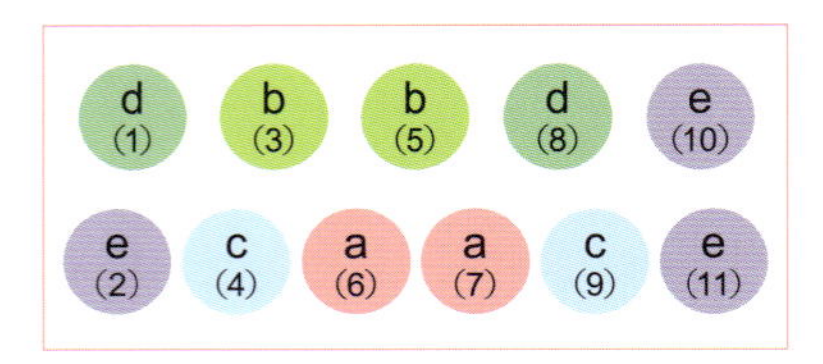

＊（　）内の数字は植える順番

●植栽図

a　ケイトウ‘オリエント二号’　2株
b　ペニセタム・セタケウム‘ルブラム’　2株
c　オルトシフォン・ラビアツス　2株
d　サルビア‘エンバーウィッシュ’　2株
e　メラレウカ‘レボリューションゴールド’　3株

●用意するもの

プラスチック製プランター
（幅 49 ×奥行き 22 ×高さ 17.5cm）
＊マルマン box プランター＃ 500 を使用
培養土

プランターカバーのつくり方→ 98 ～ 99 ページ

07

オイルステイン仕上げのナチュラルな
プランターに、春の訪れを感じさせる花を

オイルステイン後、土で汚して使い込んだような風合いに仕上げた手付きプランター。自然な木目を生かし、晩秋らしく赤紫色をテーマに、かわいいけれど重厚感のある寄せ植えをつくりました。主役には、寒さに強く春まで長く楽しめる、パンジーがおすすめ。パンジーのフリルにケールのフリルを重ねることで、ゴージャスな印象になるのです。せっかく手づくりしたプランターだから、グリーンで手前を隠してしまいすぎないよう、シュワッと広がるカレックスで軽やかに動きを添えています。

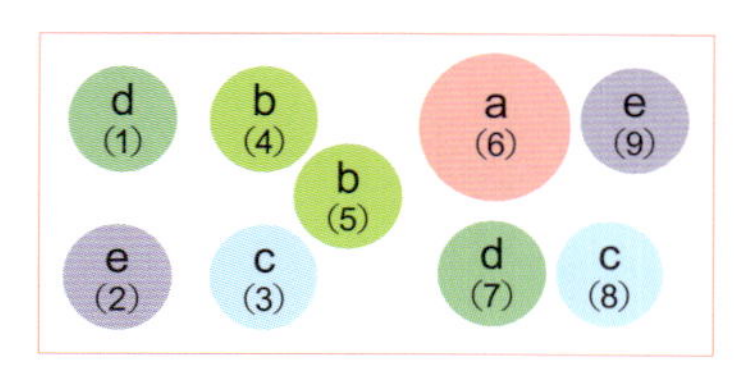

＊（　）内の数字は植える順番

●植栽図

a　スキミア・ルベラ
b　ストック　2株
c　パンジー‘フリフリ’　2株
d　カレックス‘ブロンズカール’　2株
e　ケール‘ヴィヴィアンビスチェ’　2株
→ p.60 でも紹介

●用意するもの

ビニール（ゴミ袋などでもよい）
鉢底石、培養土

手付きプランターのつくり方→ 100 ～ 101 ページ

花車のつくり方→ 104 ～ 106 ページ
寄せ植えのつくり方→ 29 ページ

花車は、だれもが憧れる移動式ガーデン。高低差を生かして自然のままの姿を演出

庭に、花壇をつくるほどのスペースも時間もないけれど、
理想のガーデンがほしい！　そんな憧れを花車で叶えませんか。
花車は車輪がついているので、好きな場所に移動させて楽しめます。
コンテナは取り外し可能なため、植え替えのときにも便利。
上品で落ち着いたスモーキーグレーの色合いには、
春らしいピンク系の花を主役にしてガーリーな気分を満喫しましょう。
素敵に見せるコツは、「高・中・低」と植物の高低差を生かして、
立体的に植えること。ナチュラルな雰囲気に仕上がります。
植物の高さと取っ手の高さを合わせてバランスよく。
視線の集まる足元中央には、濃いピンクのジニアを配したり、
縁からグリーンを垂らしたり。箱の中に理想の庭を実現させて。

【植物の選び方・使い方】

取っ手の高さを意識し、植物の高低差を生かして立体的に仕上げましょう。骨格となるのは大小２本のアスチルベ。淡いピンクの主役を濃いピンクのジニアが足元から引き立てます。

ポイントとなる花

アスチルベ‘ショースター’
ユキノシタ科　開花期：５～８月

**晩春～夏に咲く花穂は
白～ピンクの優しい色が充実**

細かい花をびっしりとつけた穂はふわふわと優しげ。花車の取っ手近くに高い苗を、反対側の縁には低い苗を植え、高低差を生かしたベースをつくります。暑さ寒さには強く、乾燥を嫌うのでこまめに水やりを。冬に地上部は枯れます。

ジニア‘ラズベリーリップル’
キク科　開花期：５～11月

**色鮮やかで見応え十分の八重咲き。
花びらのグラデーションにも注目！**

濃いピンクの八重咲き種です。花びらの縁が白やグリーンになり、グラデーションがきれい。病気や暑さに強く、よく分枝して花をたくさんつけます。鮮やかな花色を生かし、足元のアクセントに。蒸れに弱いので梅雨前に切り戻しを。

アキレア‘ピーチセダクション’

キク科　開花期：5～9月

アプリコットがかったピーチ色がおしゃれ。直立するコンパクトな草丈は使いやすく、アスチルベの柔らかい花色と相性もよく、高低差を生かした寄せ植えにぴったり。暑さ寒さに強く、育てやすい。こぼれダネでふえます。

ブラックレースフラワー

セリ科　開花期：6～9月

茎の先端部に広がるレース状の花はシックでエレガント。背の高いアスチルベと呼応させて植えました。寒さには強いものの暑さに弱く、高温多湿を嫌います。花後に花茎を切ります。

エリンジューム‘ビッグブルー’

セリ科　開花期：6～8月

がくを含めると花径約6cmと大輪。線香花火のような花形と、青みがかった花色は独特です。草丈は高く、高低差を生かした寄せ植えに重宝。暑さには強いが、高温多湿には注意。

アルテルナンテラ‘ワカムラサキ’

ヒユ科　開花期：8～11月

センニチコウの仲間でピンクの小花を咲かせます。1つの花の開花期間が長いのも特徴。草丈60cmほどまで育ち、素朴な雰囲気はナチュラルな寄せ植えに最適。寒さに弱く、霜に当てると枯れてしまうので注意。

オレガノ‘ディングルフェアリー’

シソ科

開花期：5～11月

ハーブの仲間で、観賞を目的とした「花オレガノ」に分類される品種です。花を包む苞（ほう）は爽やかなライムグリーンで、寄せ植えに明るさを添えてくれます。暑さや蒸れに弱いので、花後バッサリ切り戻しても。

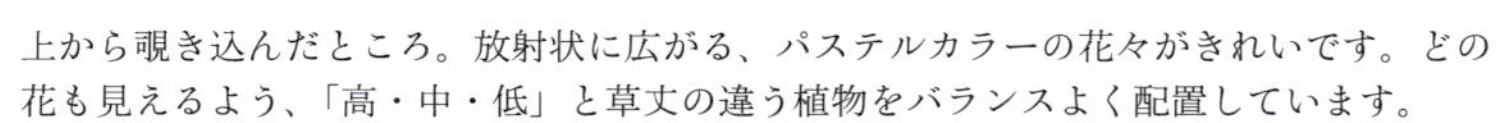

上から覗き込んだところ。放射状に広がる、パステルカラーの花々がきれいです。どの花も見えるよう、「高・中・低」と草丈の違う植物をバランスよく配置しています。

アストランチア‘ルビーウェディング’

セリ科　開花期：５～７月

ふんわりとした花が庭に優しさを与えるので、欧米のガーデンでは人気。草丈は60cm前後で、高低差を生かした寄せ植えでも役立ちます。夏の高温多湿は苦手で、半日陰の風通しのよい場所を好みます。

ハツユキソウ

トウダイグサ科　葉の観賞期：５～10月

白い斑入り葉は美しく、雪を被ったように見えることが名の由来。グリーンの多い寄せ植えの効かせ色としてインパクト大。夏～秋に茎の頂部に小花を咲かせます。暑さに強く、こぼれダネでふえます。

→ p.81 でも紹介

ニゲラ

キンポウゲ科　開花期：４～６月

繊細な葉を広げ、細かく枝分かれした茎の先端に開花。開花期は長くないが、風船のような実を長く楽しめます。寄せ植えに加えると、ナチュラル感をもたらしてくれます。過湿に弱いので水は控えめに。ドライフラワーにしてもかわいい。

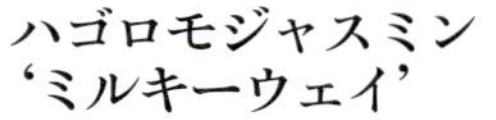

ハゴロモジャスミン‘ミルキーウェイ’

モクセイ科　葉の観賞期：周年

細い茎を絡ませて生長し、３～5月に香りのよい白花を咲かせます。なかでも葉にクリーム色の斑が入るこの種が人気。若い苗はリーフとして使え、縁から垂らすと動きが出せます。水切れに注意しましょう。

フィカス・プミラ‘ユキノハナ’

クワ科　葉の観賞期：周年

茎は這うように伸び、壁などに張りついて登ります。雪を連想させる白い斑入り葉が特徴の品種。縁から垂れるように植え、寄せ植えに動きをつけて。小苗は乾きや寒さにやや弱い。

【寄せ植えのつくり方】

花車のコンテナ部分に、排水用の穴を開けたビニールを敷き、鉢底石、培養土を入れます（p.13／つくり方①、②）。アスチルベなど背丈のある植物で高低差をつけると立体的に。

●植栽図

- a　アスチルベ‘ショースター’　２株
- b　アルテルナンテラ‘ワカムラサキ’
- c　アキレア‘ピーチセダクション’
- d　ブラックレースフラワー
- e　エリンジューム‘ビッグブルー’
- f　アストランチア‘ルビーウェディング’
- g　ニゲラ
- h　ハゴロモジャスミン‘ミルキーウェイ’
- i　オレガノ‘ディングルフェアリー’
- j　ジニア‘ラズベリーリップル’
- k　ハツユキソウ
- l　フィカス・プミラ‘ユキノハナ’

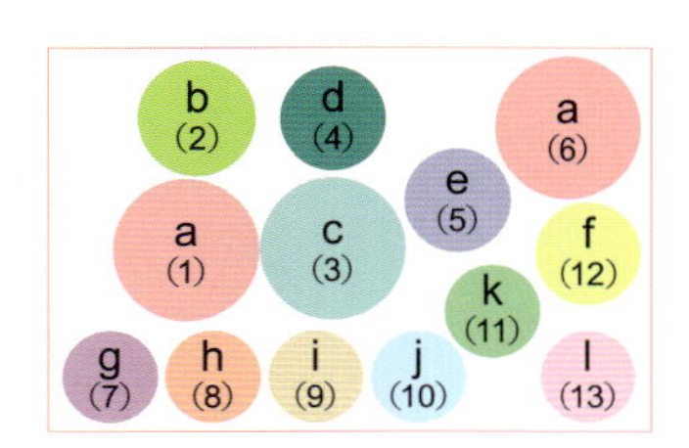

＊（　）内の数字は植える順番

●用意するもの

ビニール（ゴミ袋などでもよい）
鉢底石、培養土

花車のつくり方
→ 104 ～ 106 ページ
寄せ植えのつくり方
→ 34 ～ 35 ページ

09
額縁に絵を飾るように、多肉植物を寄せ植えした箱庭風デザイン。上からの眺めも楽しんで

花車のコンテナを額縁に見立ててつくった、多肉植物の寄せ植えです。
玄関先で、庭の片隅で、こんな花車に出合ったら、
遊び心あふれる箱庭風のデザインと、多肉植物特有の愛らしさに
「わあ、かわいい！」と大歓声が上がりそうです。
アルファベットなどの雑貨も自由に取り入れて楽しみましょう。
植物との付き合い方も広がり、新しい魅力に気付くかもしれません。
多肉植物のなかでも、バラの花のような形をしたタイプの
エケベリア属の仲間を主役に選ぶと、華やかな印象に仕上がります。
植えるスペースが広いので、多肉植物を点在させるより、
２～３種類を固めて、何か所かに配置するとまとまりが出てきます。
長雨は苦手な多肉植物ですが、花車なら軒下への移動もラクチンです。

【植物の選び方・使い方】

多肉植物は一年中楽しめるのも魅力。ここでは背が低いタイプを選び、絵画のように仕上げましょう。
上部中央部分がいちばんの見せどころなので、主役級の多肉植物を集合させて目を引きます。

ポイントとなる多肉植物

すみれ牡丹
ベンケイソウ科エケベリア属

マットな質感ながら透明感のあるブルー系の葉は息をのむ美しさ

粉を帯びたブルー系の葉は美しく、存在感があり、主役に選びました。秋になると、先端から淡紫色に染まります。暑さが苦手で風通しのよい場所を好みます。春に株のわきから花茎が伸び、花を咲かせます。

ロスラリス
ベンケイソウ科エケベリア属

黒みがかったシックな葉色が主役のすみれ牡丹を引き立てます

ロゼット状（八重咲きバラの形）の葉が美しいエケベリア属の仲間。主役のすみれ牡丹と対照的な黒みがかった紫葉でコントラストをつけて引き立てます。暑さ、寒さに比較的強く、寒くなると紅葉を。

樹氷
ベンケイソウ科セデベリア属

名前のとおり、寒さに負けない丈夫な多肉植物です

ツンツンとした形がキュート。淡い緑色が、主役のすみれ牡丹に優しく寄り添います。寒くなるとほんのり黄色く紅葉し、葉先はピンクに。寒さに強いものの、高温多湿な夏が苦手。風通しのよい場所で育てましょう。

【エケベリア属】

バラの花のようなロゼット状の葉をもつ品種は存在感抜群です。寄せ植えの主役はもちろん、ポイント使いにも重宝。真夏の水やりは乾燥ぎみをキープするとよいです。

銀明色（ギンメイショク）

ベンケイソウ科エケベリア属

グレーがかったピンクが優しい印象。寄せ植えでは、下段の左端に植え、全体に明るさを添えて。暑さ、寒さにも比較的強い。秋が深まると紅葉し、春になると株のわきから花茎が伸びて、花を咲かせます。

アリアドネ

ベンケイソウ科エケベリア属

同属のほかの仲間と比べて色は渋く、葉の形がころっと丸みを帯びています。隣に植えたゴルビューの鮮やかな色合いとのコントラストが目を引きます。シックな色合いの寄せ植えの主役にもおすすめです。

エメラルドリップ

ベンケイソウ科エケベリア属

緑色で光沢のある宝石、エメラルドのような葉色が印象的。下段の左端に植え、銀明色を引き立たせています。秋が深まると葉先が紅葉し、春になれば株のわきから花茎が伸び、花が咲きます。暑さ、寒さにも比較的強く丈夫。

【パキベリア属】

エケベリア属とパキフィツム属の属間交配種。白い粉を吹いたような質感と、肉厚の長い葉が特徴。

立田（タツタ）

ベンケイソウ科パキベリア属

ロゼット状の葉が上を向くユニークな品種。青みがかったグリーンが爽やかです。上段右端に植えてバイネシーの引き立て役に。秋が深まると葉の先だけが紅葉します。春、生長点から花茎が伸び、花を咲かせます。真夏は半日陰で風通しのよい場所に置き、乾燥ぎみに育てて。

【セダム属】

寒さや乾燥に強く、グラウンドカバーとしても人気。葉のバリエーションも豊富で、寄せ植えでは植物同士の隙間をつなげたり、空間を埋めたりするのに重宝します。

サクサグラレ

ベンケイソウ科セダム属

黄緑がかった常緑の小葉が、スクリューのようにねじれる姿が愛らしい。またたく星のような小葉の集まりが、寄せ植えのアクセントに。暑さや寒さ、乾燥に強いです。日当たりを好み、這うように広がります。 → p.86 でも紹介

ステファニーゴールド

ベンケイソウ科セダム属

平らな緑葉は縁がギザギザしていて個性的。濃いグリーンが美しく、下段の植物同士のつなぎ役となり、空間を心地よく埋めます。寒くなるとチョコレート色に紅葉。暑さや寒さ、乾燥に強く、這うように広がります。

クラバツム

ベンケイソウ科セダム属

ぷっくりとした葉は爽やかな緑で、白い粉をはたいたような色合い。寄せ植えの左上を、軽やかに彩ります。秋になると葉先だけピンクに色づき、チークのよう。株のわきに子株がふえて群生します。

【クラッスラ属】

「小型で群生」「枝を上に伸ばす」など、草姿はさまざま。寒くなると紅葉します。

ワテルメイエリー
ベンケイソウ科クラッスラ属

産毛のような毛に覆われた緑葉は渋めの赤に紅葉。春まで残る赤い縁取りが印象的で、左上のアクセントに。暑さ、寒さに比較的強く丈夫で、上と横に枝を伸ばし生長します。

ロゲルシー
ベンケイソウ科クラッスラ属

微毛に覆われた肉厚で少し細長い葉が特長。緑葉は寒くなると鮮やかな黄緑になり、葉先や茎は真っ赤に。右上で、赤い縁取りが映えます。暑さ、寒さに比較的強く、暴れぎみに育ちます。

【グラプトベリア属】

エケベリア属とグラプトペタルム属の交配種。エケベリアの愛らしさと美しさを継承しつつ、丈夫で育てやすい。

バイネシー
ベンケイソウ科グラプトベリア属

ロゼット状に広がる緑葉は、まさにバラの花のよう。秋冬になるとほんのりピンクに紅葉し、いっそう美しいです。右上に植えた大きめの株は、華やかさを演出してくれる頼もしい存在。暑さ、寒さにも強く、育てやすいです。

【コチレドン属】

葉の表面が白い産毛に覆われた種類や白い粉を吹いたような種類も。挿し木や種まきでふやせます。

ゴルビュー
ベンケイソウ科コチレドン属

赤い縁取りの入る黄緑の葉で、紅葉時は縁取りがより濃く鮮やかに。上段2種の赤い縁取りに呼応するように、下段中央に配置しました。5〜7月に咲く、釣鐘状のオレンジや赤い花もかわいらしい。夏の暑さが苦手。

アルファベットの間に敷き入れたスナゴケは、湿気の強い場所より乾燥した場所を好みます。直射日光には強いですが、蒸れには弱いので、多肉植物同様、夏場は涼しい時間帯に水を与えるようにしましょう。

【寄せ植えのつくり方】

コンテナの枠を額縁に見立て、絵を描く感覚で多肉植物の配置を考えると楽しく、素敵に決まります。花のように見えるエケベリア属から主役を見つけると、華やかな仕上がりに。

●植栽図

- a　ワテルメイエリー
- b　クラバツム
- c　ロスラリス
- d　すみれ牡丹
- e　樹氷
- f　バイネシー
- g　ロゲルシー
- h　立田
- i　エメラルドリップ
- j　銀明色
- k　ステファニーゴールド
- l　ゴルビュー
- m　アリアドネ
- n　サクサグラレ

＊（　）内の数字は植える順番

●用意するもの

ブリキ製のアルファベット
スナゴケ、腐葉土、シルバーモス、スパニッシュモス
ビニール（ゴミ袋などでもよい）
鉢底石、培養土（多肉植物用）

1

花車のコンテナの脇で、配置を決める。最初にアルファベットを置いたら、メインの多肉植物（文字の上の中央付近）、引き立て役の順に考えると決めやすい。

2

排水用の穴をあけたビニールをコンテナに敷き、鉢底石、培養土を入れる（p.13／つくり方①、②）。その上に、バランスを見ながらアルファベットを置いていく。

3

上段左側に植えるワテルメイエリー（1）の株を手でやさしくほぐす。隣に植えるクラバツムと一体感が出ることを意識しながら、L字形のようにして植える。

4

クラバツム（2）を、③のワテルメイエリーに寄り添うように植える。

5

視線が集まる中央上段に、三角形を描く感じで、ロスラリス（3）、すみれ牡丹（4）、樹氷（5）の順に植える。それぞれ角度をつけつつ、3種で1つの花に見えるよう、固めて植えることが大事。

6

上段右側にバイネシー（6）、ロゲルシー（7）、立田（8）の順に、⑤と同じく三角形を描くように植えて、一体感を出す。

7

アルファベット下段を植える。エメラルドリップ（9）と銀明色（10）を、Gの文字の曲線に沿うように植える。ステファニーゴールド（11）を植え、ゴルビュー（12）とアリアドネ（13）を寄り添う感じで植える。

8

サクサグラレ（14）を植える。その後、培養土の上にコケなどを敷いて飾る。まずは下段にスナゴケを敷く。多肉植物の葉を手で軽く持ち上げて、すき間ができないよう、際まで丁寧に敷くと仕上がりがきれい。

9

アルファベットのすき間部分にも、サイズに合わせてスナゴケを手でちぎり、敷く。文字の輪郭が隠れないように気をつけながら、すき間なく敷く。

10

上段は、グリーンではなく茶色っぽいモスなどで覆い、見た目の変化をつける。左側には、シルバーモスを敷く。右側は腐葉土を敷いたうえに、スパニッシュモスを重ねて置き、アクセントをつける。

室内を飾る
ドライフラワー編

ドライフラワーを束ねた
スワッグで空間を華やかに彩る

リビングなど室内にも植物があると気持ちが和みます。ドライフラワーを束ねたスワッグなら軽く、水も要らないので、飾る場所を選びません。ボリュームのあるスワッグをメインに、その周囲にもさりげなくドライフラワーを置けば、シックで素敵なコーナーに。シルバーや木製のアンティーク雑貨と相性がよく、小物と組み合わせて飾るのがおすすめ。スワッグを束ねるラフィアなどもディスプレイのスパイスになります。

ドライフラワーは、壁や天井から吊るしたり、ビンに挿したりするだけで絵になります。ドライフラワーに向かないと思う花が意外と素敵に変化するので、好みの花で試してみましょう。生花を直射日光の当たらない風通しのよい場所に吊るしておくだけで簡単につくれます。木の実などと一緒にトレーに飾っても。

【スワッグのつくり方】

長くて強度のある植物を土台にし、その上に徐々に短くなるように重ねて束ねていくと、立体的に仕上がります。メインは中央付近になるように意識しましょう。

花材は左からユーカリ、アカシア、ブラックトリュフ、ハケア・ブランチ、シロタエギク、イチビ、ニカンドラ、スターリンジャー。束ねるための輪ゴムとラフィアも用意する。

土台となるユーカリとアカシアを束ねる。枝先の流れを生かしながらボリュームを出していく。葉の形や質感の違うものを交ぜると、表情豊かに。

間をつなぐイチビやニカンドラを重ね、その上にメインとなる２本のブラックトリュフを、高低差をつけて重ね、束ねる。中央にくるよう、長さの調節を。

アクセントになる、シロタエギクやハケア・ブランチ、スターリンジャーを重ね、最後に輪ゴムで留める。その上から２色のラフィアを片リボン結びにする。

Part 2
鉢植えを飾る

ボックスのつくり方→ 102 ～ 103 ページ

10

ボックスを段々に積み重ね、鉢を並べるだけで完成する、躍動感のあるディスプレイ

あれもこれもと植物をふやしたいけど、飾るスペースは小さい……。
限られた場所を生かすべく、シンプルなボックスを積み上げて
縦方向に飾る、とっておきのアイディアをご紹介します。
登場する木製ボックスは、つくるのも持ち運ぶのもラクチンな
小さくてシンプルなものですが、積み重ねることによって、
さまざまな大きさや形を自在につくることができます。
ここでは、段差をつけてラフな感じに重ねてみました。
目線が集まりやすい２～３段目には、華やかで目立つ花鉢を置くと
メリハリが生まれます。お気に入りの花の指定席にしたいですね。
上段には垂れて動きをつける植物で流れを出し、白やピンクの小花、
ライムグリーンの葉と合わせ、明るく、軽やかに仕上げました。

【植物の選び方・使い方】

２段目にメインの鉢を置き、上段には垂れるグリーンで流れをつくります。２段目右端の抜けた空間には、高さのある寄せ植えを。シンボルツリーが全体のバランスを取ります。

ポイントとなる花

ゼラニウム‘エンジェルブーケ’

フウロソウ科　開花期：３～11月

ピンクが縁取る八重咲き花がボール状に集まり、艶やかです

華やかなボール状の花房が目を引きます。段々ボックスの主役にふさわしく、２段目中央に。乾燥に強く、花つきもよく、真夏と真冬以外は年中咲きます。過湿は苦手なので水やりは控えめに。花が終わったら、花房ごと切り取ります。

テイカカズラ‘スターフレグランス’

キョウチクトウ科　開花期：５～６月

流れのあるつると白い小花がボックスからあふれ出すように

ジャスミンに似た甘い香りのする白い花を咲かせます。つる性で長く伸びた枝は、段々ボックスの中段で動きをつけるのにぴったり。伸びすぎたつるは、7月ごろまでには剪定を。乾燥すると落葉するので、こまめに水やりをして。

ダリア‘ラベラ・ピッコロ’(中央)
キク科　開花期：6～7月、9～11月

ギリア‘トワイライト’(奥)
ハナシノブ科　開花期：5～6月

ロータス・ヒルスタス‘ブリムストーン’(左)
マメ科　葉の鑑賞期：周年　→ p.23 でも紹介

ムラサキシキブ‘シジムラサキ’(右)
クマツヅラ科　葉の鑑賞期：5～11月

濃いピンクが全体の効かせ色となるダリア。深さのあるブリキ製の容器に、雰囲気の異なる紫色の小花や明るいグリーンとともに寄せ植えに。ボックス外の空間を伸びやかに飾ります。ダリアは次々に花を咲かせるので、花がらはこまめに摘んで。ハダニ予防に葉にも水をかけて。ギリアは高温多湿に弱い一年草。

ジューンベリー
バラ科　開花期：4～5月

シンボルツリーとして全体をまとめる役割。秋の紅葉、樹形の美しさなど、四季を通して楽しめるので人気。白い花を咲かせた後、たわわに実がなります。赤く熟すのは6月ごろ。暑さ、寒さに強く、冬は落葉します。

ナツメグゼラニウム(右上)
フウロソウ科　開花期：4～9月

ペラルゴニウム‘オーストレイル’(左下)
フウロソウ科　開花期：4～7月

グレーがかった緑色の丸葉をもつナツメグゼラニウムは、触るとナツメグのようなスパイシーな香りが。ペラルゴニウムは、枝が横に広がり、這うように広がる原種。ともに白い小花を咲かせます。葉の色の異なる2種を、細くて深い鉢からあふれ出るように寄せ植えしました。高温多湿が苦手で、冬は軒下で育てて。

リプサリス
サボテン科　葉の鑑賞期：周年

細い茎の先端を枝分かれさせながら長く伸びていく、サボテンの仲間。ボックスの上段から大胆に垂らすことで、この躍動感が生まれます。夏の直射日光と冬の寒さが苦手。乾燥ぎみに育てて、カラカラに乾いたらたっぷりと水やりします。

ペラルゴニウム‘モモナ’
フウロソウ科　開花期：4～7月

名前の通り、優しいピンクの花です。花茎を伸ばしながら次々と開花。葉を触ると、清々しい香りが。高温多湿や厳寒はNGなので、鉢植えのほうが管理しやすいです。花後は草丈を半分程度に切り、風通しよく、乾燥ぎみにして。

→ p.79 でも紹介

上／暴れるように伸びたテイカカズラはあふれ出るように置き、隣のボックスには小さくて低い鉢を並べ、両側の主役を引き立てて。中右／狭い置き場は奥行きと縦空間を活用。中左／空きビンも雰囲気づくりにひと役。下／ボックス下段には鉢やガーデン雑貨を、グリーンと一緒に。

シレネ ‘ナッキーホワイト’

ナデシコ科　開花期：4～6月

花の元部分が風船のように膨らむのが特徴です。白い斑入り葉が魅力で、花のない時季もきれい。草丈は低く、控えめなので、上段に飾って存在感を出して。寒さには強いものの、暑さに弱く、乾燥も蒸れも嫌います。

ヘリクリサム・アルギロフィルム

キク科　葉の観賞期：周年

スッキリとした形のシルバーリーフは美しく、隣に置いた鉢花を華やかに引き立てます。草丈は10～15cmと低めで、マット状に枝を広げます。乾燥ぎみを好み、夏には黄色い花を咲かせます。

オレガノ ‘ミルフィーユリーフ’

シソ科　開花期：5～11月

観賞用に改良された花オレガノの仲間。ピンクで縁取られた苞葉が段々に重なる姿はおしゃれ。ライムグリーンの葉が、春らしさを効かせています。日当たりのよい場所で乾燥ぎみに育てます。ドライフラワーにしても。

ヒューケラ ‘フリンジレモン’（左）

ユキノシタ科　葉の観賞期：周年

カレックス ‘エベレスト’（右）

カヤツリグサ科　葉の観賞期：周年

このヒューケラは名前の通り、レモン色で葉の縁がフリルのように波打つ品種です。隣のカレックスは緑葉に白いストライプが入った品種。形状と色合いの違うタイプの葉を隣り合わせることで、お互いを引き立て合います。どちらも耐寒性はありますが、多湿は苦手。

ペルシカリア ‘ゴールデンアロー’

タデ科　開花期：7～10月

鮮やかな黄金色の葉が特徴。段々ボックスの2段目右端で、春の陽光のように全体を明るく照らします。カラーリーフとして重宝しますが、夏から咲き始める赤い花も印象的。落葉性で秋の黄葉もきれい。暑さ、寒さに強く、丈夫です。

アンスリスクス ‘ゴールデンフリース’

セリ科　開花期：5～7月

繊細な切り込みが入ったレースのような葉は美しい黄金色で、エレガント。ふわり、春風に揺れる姿も爽やかです。初夏には白い花も咲かせます。半日陰でも育ちますが、高温多湿は苦手で、寒くなると落葉します。

→ p.73 でも紹介

【ビンのアンティーク風リメイク】

ジャムなどの空きビンにペイントしたり、ラベルを貼ったり。
ひと手間かけるだけで、アンティークのような味わい深い“飾りビン”が完成します。
植物と一緒にディスプレイして楽しみましょう。

●用意するもの

ガラス製のビン（形やサイズはお好みで）、水性ペンキ（白）、刷毛、紙やすり、紙製ラベル、木工用ボンド

■アンティーク風ペイント■

時間とともにペンキがはげかけた自然な風合いを、やすりで簡単に表現できます。ポイントは、最初にしっかり傷をつけておくこと。色をどの程度残すか、最後は加減しながらやすりをかけてください。

1　ガラスビンの表面全体にやすりをかけて、傷をつける。

2　①に、刷毛でペンキを塗っていく。2〜3回塗り重ねるが、ムラがあっても気にしなくてよい。その後、30分ほど乾かす。

3　②の表面をやすりで削っていく。やすりは横に動かすと削りやすい。①で傷つけた部分に色が残り、雰囲気よく仕上がる。

■アンティーク風ラベル■

ガラスビンにラベルを貼るだけでも雰囲気が増しますが、アンティークの風合いをプラスすれば、もっと素敵に変身します。用意するのは土のみ。少し湿り気がある土のほうが、色のつきがよいです。

1　好みのラベルをくしゃくしゃに畳んで、風合いをつける。

2　土の上にラベルをのせ、上から土をかけて手で優しくこすりつける。四隅までしっかり土で汚し、色をつけるといい味わいに。

3　ラベルについた土を払い取り、裏面の4辺に木工用ボンドを塗る。ラベルの中心からビンに貼り、カーブに沿わせて貼っていく。

ボックスのつくり方
→102 ~ 103ページ

II
コーナーには、ランダムにボックスを置くと空間に広がりが生まれ、鉢植えが立体的に

庭やベランダのコーナーを、もっと上手に使いこなしたい！
そんなときはボックス３個を、ちょっと角度をつけて置いてみて。
斜めに置くだけで、空間に広がりが生まれ、動きが出せます。
ボックスの背後にはシンボルツリーを置いて、高低差をつければ
狭いながらも、奥行き感が自然と表現できます。
見せ場は、もちろん視線が集まる上段の２か所。
中でもメインとなるのは、縦にして置いたボックスの上段で
もう１か所、横にして２段に重ねた中央付近はサブ的な役割といえます。
高さを違えて見せ場をつくれば立体感も生まれ、より印象的に。
今回は、ひと足早く秋を感じたくて、紅葉を意識した
鮮やかな黄色を中心に、白とグリーンの鉢植えを並べました。

【植物の選び方・使い方】

テーマは初秋の景色。鮮やかな黄色をメインに、引き立て役には白い花やグリーンを選びました。上段の垂れる植物と、下段の銅葉とシルバーリーフが全体のアクセントです。

ポイントとなる花

ビデンス‘ゴールデンエンパイヤ’
キク科　開花期：２～６月、９～12月

直径２～３cmの鮮やかな黄色い花が株いっぱいに咲き誇り、華やかです

這うように横に広がるので、口の広い鉢に植えてこんもりとした姿を楽しみましょう。蒸れやすいので、植えるときは株を詰め込みすぎず、風通しよく。暑さ、寒さに強く、長く咲きます。ただし耐寒温度は0℃程度なので、冬は防寒を。

ガーデンマム‘ジジ’
キク科　開花期：10～11月

ガーデニング用に改良されたキク。八重咲きの花がびっしり咲きます

八重咲きが株一面を覆うように咲き、見応え十分。枝は自然と分枝してきれいなドーム状になり、乱れにくく鉢植えにぴったり。花がらは早めに摘み取ると、下からつぼみが咲いてきます。花が終わったら、半分程度に切り戻します。

アリッサム‘フロスティーナイト’

アブラナ科　開花期：10月〜6月

枝先に密集して純白の小花を咲かせます。緑葉の縁に黄色い斑が入る品種で、秋らしさを出すのに重宝。暑さに強く改良されており、花を長く楽しめます。香りも魅力のひとつ。花が終わったら、半分ほどに切り戻します。

ホヤ・スラウェシ

キョウチクトウ科
（ガガイモ科）
開花期：６〜９月

つる性の観葉植物で、楕円形の肉厚な葉を連ねる品種。高さのあるゴブレット鉢を利用し、垂れる姿で全体に動きを添えています。葉にも水をかけ、乾燥とハダニを防いで。夏は葉焼けに注意。冬は寒さに弱いので、最低気温5℃を保って。

ヒペリカム‘ゴールドフォーム’

オトギリソウ科
葉の観賞期：周年

園芸店での流通は小型種が多く、黄色い花は咲いても実はつけないか小さく、カラーリーフとして楽しむのが主流。この種は、気温が下がってくるとオレンジ色に紅葉してきれい。暑さ、寒さにも強く、全体に明るさをもたらします。

キントラノオ‘ミリオンキッス’

キントラノオ科　開花期：７〜10月

明るい黄色の花と赤い茎が目を引き、全体が華やぎます。ボリュームがあるので下段に置くとバランスがよいです。気温の低下とともに赤茶色に紅葉し、きれい。暑さに強いが、水切れに弱いです。耐寒温度は0℃程度。

アンティーク風のビンや オレンジ色の小物で秋を感じさせて

秋らしさを出したいときは、黄色やオレンジの小道具を意識して取り入れましょう。黄色の花と一緒に、観賞用カボチャやドライのヘリクリサムをアクセントに飾れば、ぐっと秋めいて。暗くなりがちなボックス奥には、光に反射するビンを置いて輝きを添えて。根っこの固まりもカッコいいオブジェになります。ボックスの間には、海外のアンティークの苗箱（写真右）を立てて雰囲気よく仕上げます。

上／ディスプレイにオレンジ色の小物が加わると一気に秋の気分！　下／シルバーグリーンと銅葉の組み合わせがシックでエレガント。葉ものだけの場所をつくることで花が引き立ちます。

セネシオ ‘エンジェルウイングス’

キク科　葉の観賞期：周年

シロタエギクの仲間で、この名前の通り、天使の羽根のような優しい葉色と、もこもことした手触りが1年中続きます。目線が外れる下段は遊びのエリア。大人びた葉色の組み合わせを楽しんで。暑さ、寒さに強く、乾燥ぎみにします。

ヒューケラ‘リオ’

ユキノシタ科　葉の観賞期：周年

オレンジやライム、シルバーなど、品種によって葉色が多彩。暗い場所を明るく彩ります。この種は、春はオレンジ、初夏はキャラメル色、秋には赤く紅葉し、季節ごとの葉色の変化を楽しめます。乾燥や蒸し暑さは少し苦手。

ボックスのつくり方→ 102 ～ 103 ページ

12

ボックスを積み重ねた「飾り棚」に
お気に入りの観葉植物や雑貨を並べて

１個のサイズは小さくても、積み重ねることで大きな棚が
簡単にでき上がるのが、この木製ボックスの使い道の幅広さ。
ここでは、ボックス８個を、縦置き、横置き、縦置きと繰り返し、
整然と積み重ねて、間仕切りのある３段の棚を完成させました。
お気に入りの植物や雑貨を陳列する「飾り棚」として楽しんでください。
いちばん見せたい鉢植えは、視線が集まる中段、上段に並べ、
下段には重心のある鉢植えを置くと、全体のバランスがよくなります。
垂れる植物を数か所に置いて動きを出すのもセンスよく見せるコツです。
高さのある最上段には、背丈の低いオブジェや枝垂れる植物を飾りましょう。
夏は、観葉植物をアウトドアで楽しむ絶好の季節。
自由に枝を伸ばすグリーンあふれる棚は、見た目にも涼やかです。

【植物の選び方・使い方】

室内用と思われがちな観葉植物は、熱帯地方原産のものが多く、屋外が大好きです。夏は葉焼けしないよう直射日光の当たらない場所で、生命力にあふれたグリーンを楽しんで。

ポイントとなる観葉植物

サンセベリア・ファーンウッド（右奥）
キジカクシ科　葉の観賞期：周年

ハオルチア・ワイドバンド（左）
ツルボラン科　葉の観賞期：周年

ユーフォルビア・マミラリス（手前）
トウダイグサ科　葉の観賞期：周年

**斑入りの珍しい品種を集めた
自慢の寄せ植えを棚のメインに**

肉厚の細葉がすっと広がる樹形と虎斑模様が印象的なサンセベリアを主役に、２種の多肉植物と組み合わせた寄せ植えです。足元には色合いの似た斑入りのハオルチアを植え、奔放に伸びた白っぽい肉厚の葉、ユーフォルビアで動きを出して。２～３年伸びたい方向に育てたワイルドな風格がカッコいい。いずれも過湿を嫌うので乾燥ぎみにし、冬は10℃を下回らない場所に。

【食虫植物】

ほかの植物と競合し、栄養が乏しい土地で生き抜くために、虫を捕えて不足する栄養を補給するべく進化した植物。ユニークな草姿や色は、生き延びる知恵の結晶なのです。

ネペンテス‘リンダ’

ウツボカズラ科　開花期：６～７月

葉先に下がったツボ型の捕虫袋で虫を捕える植物で、ウツボカズラという和名でおなじみ。棚の最上段に置き、垂れる捕虫袋の妖艶な姿を楽しんで。日照不足や水のやりすぎ、肥料を与えることで、捕虫袋がつかないことも。冬は10℃以上で。

サラセニア

サラセニア科　開花期：３～５月

筒状の葉の中に虫をおびき寄せて栄養分を消化吸収します。夏に伸びる葉は筒状にならず平たいままの品種も。葉の表面の赤い網目は葉脈で、妖艶な雰囲気。花の形もユニークです。葉は毎年生え変わるので、冬に枯れ込んだ部分を切って。寒さに強い。

【垂れ下がる観葉植物】

高い場所に置いて枝垂れさせることで、動きや流れを出して、空間をダイナミックに演出します。葉のサイズや形、色によっても印象は違うのでイメージに合わせて選んで。

エスキナンサス・マルメラータ

イワタバコ科
葉の観賞期：周年

樹や岩に根を張って育つ、着生植物。ゼブラ模様の葉は表は緑なのに裏が赤紫でシック。ネペンテスの流れにつながるように、中段から枝垂れさせます。最低温度10℃で、明るい日陰で乾燥ぎみに育てます。

ホヤ・カーティシー

キョウチクトウ科
（ガガイモ科）
葉の観賞期：周年

迷彩模様の入った小ぶりな葉が印象的な希少種。緑と赤茶が交じる葉が枝垂れる姿はエレガントで、全体のアクセントに。重厚感のある深めの鉢がお似合いです。直射日光の当たらない明るい場所を好みます。乾燥に強い。

【根や茎（気根）を楽しむ観葉植物】

樹木に着生するため根がむき出しだったり、茎が立ち上がって幹のようになったり。自生地で育つ、自然な姿を鉢植えでも見せて、植物の魅力を丸ごと堪能しましょう。

トキワシノブ

シノブ科
葉の観賞期：周年

葉色はやや濃く常緑で、シダ植物特有のレース状の葉が涼しげ。株を鉢から取り出し、くねくねとした根を観賞するために最上部に置きます。乾きすぎないよう、根や茎、葉にときどき霧吹きで水をかけて。寒さにも強い。

イノデシダ

オシダ科
葉の観賞期：周年

大型のシダで、芽吹き直後の姿が猪の手に似ていることが名の由来。ぜんまいのような産毛に覆われた新芽から小葉を広げ、生長した姿は原始的です。葉裏に無数につく茶色い粒々は胞子嚢。寒さや暗さにも強い。

フィロデンドロン・セロウム

サトイモ科　葉の観賞期：周年

深く切れ込んだ常緑の大きな葉と、樹木のように立ち上がる幹が特徴です。幹には落葉した葉柄の跡が残り、そこから気根が伸びてジャングルに生えるような独特な姿に。最低気温が5℃を下回るなら、室内へ取り込んで。

アンティーク風小物とサボテンなどを一緒に飾って

グリーンだけなので、小物で色を効かせましょう。赤やオレンジの鮮やかな色がアクセントになり、グリーンがいっそう映えます。アンティークの風合いは、太古の昔を感じる観葉植物とも好相性。挿し木用サボテンは、ディスプレイを兼ねて約1か月乾かしてから植え付けます。

フリーセア・フェネストラリス ‘レッドチェスナット’

パイナップル科　葉の観賞期：周年

ブラジル東南部原産。緑や赤褐色の葉に独特の模様が入る個性派です。大型で重量感があるので下段に置いて。春～秋は株の上から水やりし、筒状になった葉の間に水をためますが、冬はためないように。

姫モンステラ

サトイモ科　葉の観賞期：周年

切れ込みの入った大きな葉をもつ、モンステラの小型種。目をひくので、上段中央の目立つ場所に飾りました。横に広がるように生育し、下垂してきます。生長は早く、伸びたら葉のつけ根から切って。明るい日陰で、冬は5℃以上の環境に。

イワダレヒトツバ

ウラボシ科　葉の観賞期：周年

岩の上に着生するシダの仲間。葉が羽状にならず、ヘラのような細長い形をしているのが特徴。シダの寄せ植えと同じボックスに置き、シダコーナーをつくりました。多湿にならないよう管理し、冬は凍らない場所で育てて。

フィロデンドロン ‘インペリアルゴールド’

サトイモ科　葉の観賞期：周年

きれいな黄緑色の葉が魅力の品種で、赤みを帯びた新芽も美しいです。水は好きですが、常に鉢の中が湿っていると根腐れの原因に。葉にも霧吹きで水をかけて。寒さは苦手で、気温5℃を下回らないようにしましょう。

セラギネラ

イワヒバ科　葉の観賞期：周年

明るい緑葉は広がるように生長し、ふわふわとした愛らしい姿が印象的。草丈が低いので背の高い植物と合わせると、足元が明るくなり、魅力が引き立ちます。ハダニ予防も兼ねて、春～秋は霧吹きで葉に水をかけて。

絵画のようにシダを寄せ植えして

●使用植物
ニシキシダ‘シルバーフォール’(右)
平獅子 (左)
乙女豆ヅタ (手前)

個性豊かなシダ類3種を額縁に植えて、絵を眺めるように観賞しましょう。木でつくったボックスの底に水が通る穴を開け、市販の額縁の下部にL字フックで取り付けただけ。重厚感のある色を塗り、植物を引き立てます。

13

ボックス１個あれば、季節の花の 鉢植えを引き立てるステージが完成

小さなスペースにボックスを１個置けば、「特設ステージ」の誕生です。見せ場はもちろんボックス上段。鉢を並べるだけでなく、脚付きの器を活用し、メインステージをつくりました。さらに器にコケをはって松ぼっくりを転がせば、まるで森のよう。狭い空間でもアイディア次第で素敵なディスプレイになります。その横のトレーは、第２ステージ。高低差のある植物を並べて立体的に仕上げましょう。２つのステージの間には、コロキアのようにサッパリとした印象の植物を並べてつなぎ役に。下段は、園芸道具などの収納場所として使います。ボックスを魅力的に見せるもう１つのポイントが、左横の大きな鉢植え。量感を出すことで、全体がバランスよく決まります。

●使用花材

［上段右の脚付き台］
ミニシクラメン（左）
ピラカンサ‘ハーレクイン’（右）

［上段左のプレート］
アネモネ‘ポルト’（左）
ミニシクラメン（右）

［上段奥］
コロキア

［下段］
ビオラ‘プチプチパープルウィングイエロー’

［ボックス左］
姫ヅタ

ボックスのつくり方→ 102 〜 103 ページ

棚付きテーブルのつくり方→ 107 ~ 109 ページ

14
小さな鉢植えと雑貨を自由に飾って 棚付きテーブルをハーブガーデン に

地植えができる広いスペースが庭になければ、
そのまま置いておくだけでも見栄えのする棚付きテーブルに
お気に入りの鉢植えや雑貨をちょこちょこと飾ってみましょう。
素敵に見せるいちばんのコツは、テーマを決めること。
春らしい、ナチュラルテイストの棚付きテーブルには、
ハーブガーデンをイメージしてミニサイズの植物を飾ってみました。
素焼き鉢や白い鉢を中心に、高低差を生かした飾り方を意識し、
植物以外の雑貨も組み合わせると、雰囲気よく統一感のある仕上がりに。
剪定バサミや肥料ビンなどのガーデングッズを置いてもよいですし、
スツールを持ち込めば、植え替えなどを行う作業テーブルにも。
植物と快適に過ごせる、憩いの空間になるはずです。

【植物の選び方・使い方】

単体植えなので、育つ環境の相性などは気にせず好きなハーブを選んで OK。見せたい&小さめの鉢のハーブをテーブルの手前に並べて。どんどん育つのでお手入れを兼ねて収穫も忘れずに。

ポイントとなるハーブ

クレソン

アブラナ科　収穫期：5〜10月

這うように旺盛に伸びる茎に 躍動する春の勢いを感じます

茎は這うように伸びて鉢から垂れることも。丸みを帯びた明るい緑葉が春らしく爽やかです。水辺の植物なので水を好み、土の表面が乾いたらたっぷりと水やりを。葉が茂ったら摘み取って。白い花も咲きます。

チャービル

セリ科　収穫期：5〜10月

レースのように繊細で 鮮やかな緑葉が清々しい

切れ込みの入ったレース状の葉は繊細で、風に揺れる姿も美しい。1鉢あると、テーブルに柔らかな印象を与えます。乾燥に弱く、土の表面が乾いたら、たっぷりと水やりを。一年草で花後は枯れていきます。

チャイブ

ヒガンバナ科　収穫期：5〜10月

細長い茎の先端につく 球状のつぼみがアクセントに

ネギの仲間で、勢いよく伸びる中空の細長い葉が軽快。葉の形の違うハーブ3種を並べると、テーブル上が楽しげです。5〜6月にピンクの花が咲きます。茎を4〜5cm残して収穫すると、約2週間で再生します。

上／奥行きのあるテーブルだから、鉢植えは「大・中・小」と鉢のサイズや高低差を生かしてバランスよく飾りましょう。手前中央のいちばんの見せ場、クレソンはトレーの上に置いて。これだけで特別感がグッと増します。下／テーブルと棚との間にできる背面のすき間には紐を張り、ドライフラワーやアンティーク調のペーパーを吊るして。自己主張しすぎず、雰囲気づくりにひと役買っています。

スイートバジル

シソ科
収穫期：５～10月

棚上に、小さい素焼き鉢３個をリズミカルに並べてかわいらしく。丈夫で育てやすいですが、水切れには注意を。茎先の葉を摘むと、わき芽が出て収穫量がふえます。開花すると葉が硬くなるので収穫メインなら花茎は摘んで。

ペパーミント

シソ科　収穫期：周年

清涼感のある香りが特徴。地下茎でふえて旺盛に生長するので、鉢での栽培がおすすめです。丈夫で育てやすいものの、乾燥が苦手。梅雨前に収穫を兼ねて思い切った刈り込みをすると、風通しもよくなり、収量もふえます。

パクチー

セリ科
収穫期：５～10月

細い茎先にひらひらとした葉がつき、ふわり軽やかな草姿です。株の中心から葉が次々と出て、生育旺盛。葉が混み合って風通しが悪くなると、病気の原因に。こまめに摘み取って食べましょう。葉だけを楽しむなら、花茎は摘み取って。

オレガノ（左）

シソ科　収穫期：周年

オレガノ‘マルゲリータ’（中央）

シソ科　葉の観賞期：周年
→p.64でも紹介

スペアミント（右）

シソ科　収穫期：周年

ブリキ製雑器の底に水抜き穴をあけ、ハーブを寄せ植えしました。植物の高低差を生かすとナチュラルな仕上がりに。ライム色の斑が入った、ほふく性のオレガノ‘マルゲリータ’がアクセント。観賞用なので食用には不向きです。いずれも蒸れに弱く、込み入った枝は刈り込み、風通しよく育てます。

ケール‘ヴィヴィアンビスチェ’

アブラナ科　葉の観賞期：周年

葉の縁がフリフリと波打つ、斑入りのタイプです。葉色は季節で変化し、特に春や秋は美しい紫で、斑入り部分がピンクに色づきかわいい。夏は全体的に白くなります。春先に黄色の花が。暑さ、寒さに強く丈夫ですが、極端な過湿は枯れる原因に。

→ p.25 でも紹介

プラティア・アングラータ‘ライムカーペット’

キキョウ科　葉の観賞期：周年

ライム色の葉をもつ品種で、空間に明るい雰囲気を添えます。地表を這うように旺盛に広がり、繊細な小花が次々と開花。ハート形のベースに這わせて育て、トピアリー仕立てにしても。過湿は枯れる原因に。

ペニーロイヤルミント

シソ科　葉の観賞期：周年

地表を這うように広がる性質を生かし、トピアリー仕立てにしてもかわいい。頑健でグラウンドカバーにも適しており、踏まれるとほのかに香ります。毒性があるので食用はNG。乾燥を好みますが、水切れに弱い。

ブロンズフェンネル

セリ科　葉の観賞期：周年

細かい羽状の葉が、銅葉になる品種。テーブルの右側には葉の形も色も個性的なハーブを集めて。背景にフレームを置くことで、より魅力が際立ちます。根を切られることを嫌うので、移植を避けて。株分けでふやせます。

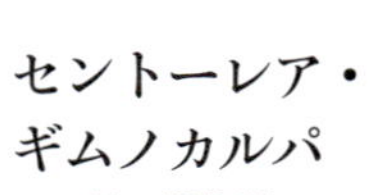

セントーレア・ギムノカルパ

キク科　開花期：４～８月
葉の観賞期：周年

初夏にアザミに似たピンクの花を咲かせます。細かく切れ込みの入ったシルバーの葉は美しく、カラーリーフとしても楽しめます。高温多湿が苦手なので、風通しのよい場所に。寒さに強く、－10℃くらいまでOK。

クプレッソキパリス・レイランディー

ヒノキ科　葉の観賞期：周年

生育旺盛で強健なコニファーの仲間。青みのある緑葉が美しい。刈り込みに強く、トピアリー（好きな形に刈り込んだ造形物）に多用されます。テーブル脇に置いた球状トピアリーが、視線をテーブルへと誘います。

ワイルドストロベリー

バラ科
開花期：4～6月、9～10月

白い小花がテーブルの足元をかわいらしく彩ります。庭ではハーブガーデンのグラウンドカバーにもおすすめ。小粒ながら香りの高い実をつけます。水切れに弱いので、こまめに水やりを。暑さも苦手。

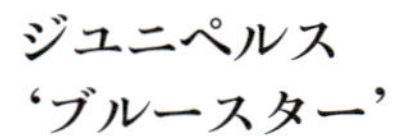

ジユニペルス‘ブルースター’

ヒノキ科
葉の観賞期：周年

細く短い針のような葉がツンツンと生える、矮性で生育の遅い樹木。青みがかった葉色は美しく、テーブル下を鮮やかに彩ります。主幹が横に伸びるので、自然とこんもりとした半球状に。乾燥に強く、過湿に弱い。

キンメツゲ

モチノキ科
葉の観賞期：周年

葉が小さく密度も濃いため、トピアリーに適しています。新芽は鮮やかな黄色で美しく、春の訪れを実感。クプレッソキパリスの足元で、葉色のコントラストを楽しんで。日照不足では、葉が白くなります。

アンティーク風のビンに肥料を入れてディスプレイ

植物が健やかに生長し、花を咲かせたり、実をつけたりするには肥料が必要です。1か月に1度、緩効性の固形肥料を施しましょう。市販の袋に入れたままでは見栄えが悪いので、アンティーク調にリメイクしたビン（つくり方はp.45参照）に詰め替えておしゃれにディスプレイを楽しんで。

棚付きテーブルの
つくり方
→ 107 ～ 109 ページ

15
晩秋から春まで咲き続けるスミレの花で シックな棚付きテーブルを華やかに演出

シックにカッコよくディスプレイを楽しみたいなら
深い藍色でペイントした棚付きテーブルがおすすめです。
クリーム色の天板は万能で、どんな花色や鉢を置いても映えます。
日ごとに気温が下がり、冬へと向かう晩秋からは
寒さに強く、花色もサイズも多彩に揃う、パンジー&ビオラの出番です。
春まで途切れることなく開花し、冬枯れの庭を華やかに彩ります。
暗くなりがちな冬だからこそ、黄色など明るい花色を取り入れて。
テーマは冬の森。木々が眠る足元で、枯れ枝のベッドで保温された
小花がひっそりと、かわいらしく咲き誇っているファンタジーの世界です。
パンジーやビオラを、大小のバスケットに植えた理由も納得でしょう。
物語を紡ぎながら仕上げる楽しさも棚付きテーブルの魅力です。

【植物の選び方・使い方】

主役のパンジーやビオラを中心に、耐寒性の強い植物ばかりを選びました。棚色となじむ紫のビオラと、反対色の黄色いパンジーを合わせることで、よりドラマチックに仕上がります。

ポイントとなる花

パンジー‘トキメキスミレ’
スミレ科　開花期：10月～5月

フリル咲きを反対色で寄せ植えに。
パキッと冴えわたる花色が鮮やか

交配や品種改良が進み、ビオラとの区別はつきにくく、花径3cmを境に大きいものをパンジーと呼んでいます。フリル咲きが愛らしい品種で、紫と黄色という反対色を組み合わせた印象的な寄せ植えは、全体のアクセントに。

ビオラ‘ペニーバイオレット’(右)
ビオラ‘ラベンダーシェード’(左)
スミレ科　開花期：10月～5月

紫の濃淡を組み合わせた
同系色の寄せ植えを楽しんで

花径3cm程度までを、一般的にビオラと呼びます。色のレパートリーも豊富で、今回は棚の藍色とよくなじむ、紫の濃淡で寄せ植えに。水のやりすぎは茎を間伸びさせるので、土が乾いてから与えて。花がらはまめに摘みましょう。

オレガノ‘マルゲリータ’

シソ科　葉の観賞期：周年

黄緑の葉にライム色の斑が入る、ほふく性の品種。気温が下がると赤く紅葉し、秋冬ならではの風情も味わえます。テーブルに並べた大小の寄せ植えのつなぎ役に。乾燥ぎみに育てるとよく、寒さに強くて丈夫。 →p.59でも紹介

ビオラ‘コッパー’

スミレ科　開花期：10月〜5月

1輪のなかに、今回のディスプレイのテーマカラーともいえる、赤紫と黄色という反対色を含み、小輪でも艶やか。棚上に小さな1鉢を飾るだけで存在感があり、人目を引きます。生長してもだらしのない株になりにくく、次々と開花する品種です。

ビート‘ブルスブラッド’

アカザ科　葉の観賞期：周年

ホウレンソウの仲間で、光沢のある渋いワイン色の葉が魅力。寒さに当たると、葉色はさらに濃くなり、黒光りします。草丈を生かしテーブル後方に置いて、主役を引き立てつつ、棚とテーブルのすき間隠しにも。寒さには強いが、夏は苦手。

カルーナ‘ガーデンガールズ’

ツツジ科　開花期：8〜12月

低木ですが背丈も低く、形が乱れにくいため、草花感覚で利用可能。ピンク色の部分は花ではなく、がくなので、長く観賞できます。穂状に色づくカルーナに対し、ビオラは面の花。形の違う花を隣接させてコントラストを楽しんで。

‘トキメキスミレ’の巣ごもり風寄せ植えのつくり方

プラスチックの鉢皿の底に排水用の穴と、側面にワイヤーを通す穴を数か所あけます。市販のつる性ベースを周囲においてワイヤーで留め付け、その内側に土がこぼれないようココヤシファイバーを張り付けます（左）。培養土を入れてパンジーを寄せ植えし、コケを敷いてでき上がり。つるの間にもコケを挟むと森らしい雰囲気に（右）。

黄金(コガネ)シダ

イワヒバ科
葉の観賞期：4～12月

気温の低下とともに、緑葉が黄金のようなオレンジに紅葉します。テーブル下には、この1鉢を含めて、テーブルの藍色を引き立てる黄色系リーフ類を寄せ鉢にして。寒さがやや苦手で、冬に落葉することも。水切れに弱いです。

ヒューケラ‘ドルチェバタークリーム’

ユキノシタ科　葉の観賞期：周年

発色の鮮やかさと丈夫さで人気のドルチェシリーズ。夏の暑さにも強い。バタークリームは、バーガンディ色に白い斑入り葉が特徴。寒いと赤みが強くなり、高温期にはオリーブグリーンに。テーブル下で存在感を放ちます。

ヒューケラ‘ソーラーパワー’

ユキノシタ科　葉の観賞期：周年

ライムゴールドの葉に赤みのある斑が入り、モミジのよう。春の芽吹きは鮮やかで、秋には少し緑がかってくるなど、季節で葉色は変化します。初夏には白花も。暗くなりがちなテーブル下を明るく彩るアクセントとして活躍。乾きや蒸し暑さは少し苦手です。

ルコテー‘カリネラ’

ツツジ科　葉の観賞期：周年

セイヨウイワナンテンの仲間で、常緑の低木です。濃赤紫に色づく冬の紅葉は見応えがあり、テーブル下の主役といえます。コンパクトな樹形で剪定も不要で、暑さにも寒さにも強い。病害虫の心配もなく、育てやすいです。

ブリキの小物やキャンドルをアクセントに

植物を植えた鉢はカゴや素焼きでナチュラル感があるので、ディスプレイにはブリキ製の小物を使い、全体を引き締めるアクセントに。深い藍色との相性も抜群です。カルーナを植えたのは紅茶缶。花色と揃えるなど、遊び心もプラスして。

冬の森のパーティーをイメージして、キャンドルも飾りましょう。素焼き鉢に土を入れて高さを調整したら、キャンドルを置きます。周りに土を少し加えて固定させ、最後にコケで飾りつけをすれば完成。

室内を飾る
チランジア編

個性的な形、色、質感をもつ、
チランジアをワイルドに飾って

エアプランツという呼び名でおなじみのチランジア。原産地では樹木や岩などに着生しているものが大半です。自然界では雨や霧で株を濡らし、葉などから空気中の水分や養分を吸収するため、土がなくても育つのです。ここでは、リース台にチランジアを大胆に取り付けたリースをメインに、ユニークな形状のチランジア、流木やワイルドフラワーのドライなど、野趣あふれるものと組み合わせて、ダイナミックに飾りました。

リースで使用しているチランジアは、ジュンセア、カプトメドーサ、イオナンタ・フェーゴ、アエラントス、パウシフォリア、ベリッキアーナ。それ以外は、キセログラフィカ（リース左下）、ウスネオイデス（リース下）、ストラミネア（テーブル上）。

木製ボックスに吊り下げ用のワイヤーをつけ、壁に掛けてユラユラと。大きい株にはワイヤーを巻きつけ、観葉植物の枝に引っかけて。市販の穴があいた流木や枝に乗せるなど、原産地での姿に近い飾り方をすると自然に見えます。室内では意外と乾燥しやすいので、10日〜2週間に一度はバケツに水を張り、30分ほど浸水させましょう。

【チランジアリースのつくり方】

細長いシルバーリーフのジュンセアや根元にボリュームのあるカプトメドーサを右下に配して流れをつくり、左上には形状違いの2品種をまとめました。

材料は、大きさと形状が異なるチランジア6種類、市販のつる性リースベース、アルミワイヤー＃22、ワイヤーカッター。右下にボリュームが出るように配置を決める。

各チランジアの根元に、20cm長さに切ったワイヤーを半分ほど突き刺す。ワイヤーは細すぎると軟らかくて突き刺せないので、ほどよく硬いものを使うとよい。

両端に出たワイヤーを手前に折って交差させ、根元近くで3回ほどねじる。チランジアをなるべく傷つけないように、ふんわりと軽くねじること。

チランジアの葉の向きを考えて、美しく自然なバランスになるようなデザインにする。リースベースに③を刺し、裏側で交差させてしっかりねじって留める。

Part 3
花壇をつくる

花壇は造園業者につくってもらうものと思いがちですが、
簡単で小さな花壇なら自分でもつくることができます。
少しでも植物を植えられるスペースがあれば、
アイディア次第でとっても素敵な花壇になりますよ。
低木、多年草、一年草のどれかでまとめる花壇もありますが、
小さなスペースの場合は、それらをミックスしたスタイルが
おすすめです。「低木」の樹形や葉色を楽しみ、
春になると再び活動を始める強健な性質の「多年草」を愛で、
華やかな「一年草」を季節ごとに植え替えながら四季を追う。
まずは、主になる低木をいくつか選び、その次に多年草を、
そして手前に置く一年草を選ぶと、デザインしやすいと思います。
レンガや平板を用いて小道をつくり、平板の間には
グラウンドカバーを植え、隣に芝生を敷いて……とやり出したら、
意外になんでも簡単にできることに気付きます。
デザインが決まったら、ホームセンターや園芸店に出かけましょう。
本章では、小さな花壇とアプローチのある花壇のつくり方を
わかりやすく紹介しています。玄関前の小さな植え込みや
庭の一角の手付かずのスペースを、自分好みの花壇にしてみましょう。

小さな花壇のつくり方→74～75ページ

16
玄関脇の狭いスペースをお手軽な花壇に。季節の花で彩って、移ろいを楽しむ

門扉や玄関の脇などにある、ちょっとした空きスペース。
どんなに狭くても、花を植えると広々とした空間に見えるのが不思議。
枠からあふれ出すように、色鮮やかな花々を植えてみましょう。
花壇というと、四季折々の一年草を中心に構成しがちですが、
一年草が多いと、盛りを過ぎてしまった花壇は寂しい印象に。
とはいえ、花が終わるたびに、始めからつくり直すのは大変です。
低木やカラーリーフのような多年草を上手に組み合わせて
ベースをつくっておき、季節に応じて一年草を植え込めば、
乱れにくく、もっと気軽に、いつでもきれいな花壇を楽しめます。
長期間生育する植物があれば、生長する喜びも味わえるでしょう。
住まう人々の個性を映し出す、小さな花壇を始めてみませんか。

【植物の選び方・使い方】

後方中央に軸となる低木、ユキヤナギを置き、メギやジャスミンなどのカラーリーフでベースをつくります。初夏〜晩秋まで咲くダリアを主役にし、手前中央で目立たせます。

ポイントとなる花

ダリア'リファイン'（左）
ダリア'スターシスター'（右）
キク科　開花期：6〜7月、9〜11月

真夏を除けば、晩秋まで次々と花を咲かせる球根植物です

狭い空間でもコンパクトに育つ、小輪から中輪の多花性の品種がおすすめ。主役である深紅色に、鮮やかな黄色を合わせると引き立て合います。真夏は咲きにくいので枝を切り戻して休ませると、秋の開花がきれい。冬に地上部はなくなりますが、寒冷地以外では掘り上げなくても春に発芽。

ジニア'クイーンレッドライム'（左）
ジニア'グリーンライム'（右）
キク科　開花期：5〜11月

直立して咲く八重咲きのアンティークな花色が魅力

ダリアに似たクラシカルな花形で、草丈50〜60cmになる品種の一年草。引き立て合う2色なので隣接して植えて、花壇後方を彩ります。暑さに強い。ある程度咲き切ったら、花茎を切り戻すことで夏からもたくさん咲きます。

【低木】

花壇をつくるときは低木をいくつかベースに選びます。低木には常緑低木と落葉低木があり、コプロスマやジャスミンなどの常緑低木を入れると、冬でも緑を楽しめます。

ジャスミン‘フィオナサンライズ’

モクセイ科　開花期：５～10月　葉の観賞期：周年

黄金色の葉は美しく、つるを放射状に伸ばすので、花壇に明るさと動きをプラスします。四季咲き性で春～秋に白花を次々と開花させ、香りもよいです。花後につるを半分以下に切り戻すと伸びすぎません。寒冷地では落葉することも。

アメリカヅタ‘バリエガータ’

ブドウ科
葉の観賞期：５～11月

北アメリカ原産のつる性植物。マーブル模様の斑が入った５枚葉は爽やかな印象です。細い巻きひげを出し、その先に付いた吸盤で壁などを這い上がります。花壇の手前に枝垂れさせると明るいイメージに。寒くなると紅葉し、その後落葉します。

メギ‘オーレア’

メギ科　葉の観賞期：４～11月

黄色の葉がきれいな品種。落葉低木で、寒くなると落葉します。春早くから鮮やかに芽吹き、夏は葉色が冴え、秋に赤く色づくので、四季の変化も楽しみ。形のよいブッシュに育ち、花壇にナチュラルな動きをもたらします。

コプロスマ‘ビートソンズゴールド’

アカネ科　葉の観賞期：周年

小さな緑葉に黄色い斑が入り、全体が黄金色っぽく見える品種。コンパクトな樹形で、一年中楽しめます。乾燥ぎみを好みます。暖地なら地植えできますが、霜には当てないほうがよい。

ユキヤナギ

バラ科　開花期：３～４月　葉の観賞期：5～11月

株元から枝をたくさん出して茂り、１m以上に育ちます。弓なりに枝垂れる枝の存在感を生かし、花壇の軸に。春に芽吹いた葉は晩秋に紅葉し落葉。花後に地際から刈りこんでも秋までに伸びます。

黄色い葉や斑入り葉などを加え、主役のダリアの美しさを際立たせます。

【多年草】

多年草を多く取り入れた花壇は、花や葉を長く鑑賞できます。ただし、夏の暑さや霜で枯れてしまう場合も。夏越し、冬越しが上手にできれば、春になるとまた芽を出して、翌年も楽しめます。

アンスリスクス‘ゴールデンフリース’

セリ科　開花期：5～7月

チャービルの仲間で鑑賞用品種。草丈は約60cmまで高くなり、伸びやかに育つ茎、黄金色したレース状の葉、放射状に広がる白花が軽やかで、花壇に動きを添えます。暑さ寒さに強く、半日陰でも。冬は地上部がなくなります。 →p.44でも紹介

ガイラルディア‘ラズルダズル’

キク科　開花期：5～10月

オレンジ、赤、黄色が交じった八重咲き種。暑さに強く、鮮やかな花が映えます。主役のダリアの引き立て役として、草丈を生かして花壇後方に。関東以西なら冬越しできます。花後は花茎の下のほうで切り戻すと、低い位置から再び開花。

アップルゼラニウム

フウロソウ科
開花期：4～9月

センテッドゼラニウムの仲間で、葉にりんごの香りが。丸い小葉はかわいく、花は小さく控えめなので、カラーリーフとしても重宝。コーナーの縁取りに使うと、ナチュラルな雰囲気に。暑さや蒸れが苦手。茂ったら摘み取り、風通しよくして。霜に弱い。

ヘリオトロープ‘ライムリーフ’

ムラサキ科　開花期：4～9月

ハーブの一種で、ライムグリーンの葉が爽やか。茎や葉は短毛で覆われていてベルベットのような質感です。あまり大きくならないので、花壇の差し色として効果的。暑さに強いものの、寒さには弱いので一年草として扱うことも。

センテッドゼラニウム

フウロソウ科　開花期：4～9月

葉に香りをもつタイプの総称で、野趣あふれる雰囲気が人気。切れ込みの入った特徴のある葉は、カラーリーフとしても使えます。コーナーの縁取りに、葉の形の違うアップルゼラニウムと植えることでより魅力的に。寒さに弱いので、霜は避けて。

キミキフガ‘カーボネラ’

キンポウゲ科
開花期：7～10月　葉の観賞期：5～11月

黒っぽい葉は黄色系の葉と相性がよく、引き締め役に。春はより黒く、夏には淡くなり葉色の変化も楽しめます。草丈約1mでコンパクトに茂り、初夏～夏につく花穂は大きく見応え十分。寒くなると落葉し、春に芽吹きます。暑さにやや弱く、やや湿った半日陰の場所を好みます。

【小さな花壇のつくり方】

奥行きを生かし「手前・中段・後方」と分けると配置しやすいです。後方中央に軸を置き、主役は目を引く手前中央に。後方を高くし手前は低くなるよう、高低差を生かすと自然な趣に。

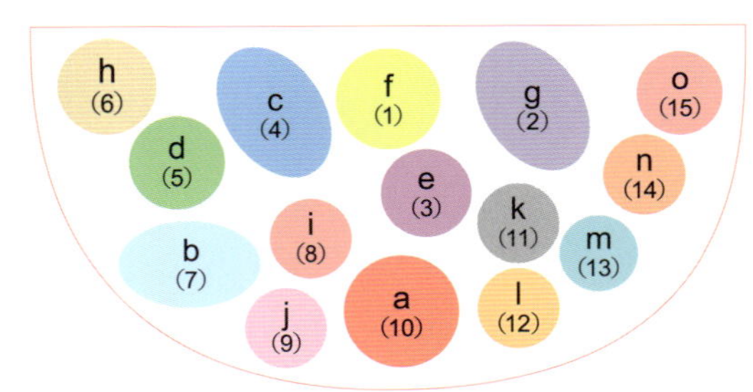

*（　）内の数字は植える順番
*花壇のサイズは幅 70 ×奥行き 40cm

●植栽図

a　ダリア‘リファイン’
b　ダリア‘スターシスター’２株（*）
c　ジニア‘クイーンレッドライム’２株（*）
d　ジニア‘グリーンライム’
e　ガイラルディア‘ラズルダズル’
f　ユキヤナギ
g　キミキフガ‘カーボネラ’２株（*）
h　コプロスマ‘ビートソンズゴールド’
i　メギ‘オーレア’
j　アメリカヅタ‘バリエガータ’
k　アンスリスクス‘ゴールデンフリース’
l　アップルゼラニウム
m　ヘリオトロープ‘ライムリーフ’
n　センテッドゼラニウム
o　ジャスミン‘フィオナサンライズ’

（*）印はまとめて植える

※花壇手前のグラウンドカバーについては、p.84 ～ 86 で紹介

●用意するもの

レンガ　長さ 21 ×幅 10 ×高さ 6 cm　2 枚
　　　　長さ 10 ×幅 10 ×高さ 6 cm　10 枚（長さを半分に割る）
　　　　培養土

1
レンガを仮置きして形を決める。決まったら、レンガを上から押さえて安定させる。培養土がこぼれないよう、すき間なく並べて。高さは多少凸凹しても味わいとなる。

2
花壇に培養土を入れて元肥を適量施し、土に混ぜ込む。半分ほどの高さまで入れておくとよい。

3

後方中央に、軸となるユキヤナギ（1）を真っすぐに植える。ここで花壇全体の高さが決まる。株を見て、枝の広がり具合などで正面を決めると見栄えがする。

4

ユキヤナギの右横に、キミキフガ（2）を1株ずつ植える。2株をまとめて植えてボリュームを出すことで、黒いリーフの存在感が際立ち、アクセントになる。

5

ユキヤナギとキミキフガとで三角形を描くように、ガイラルディア（3）を植える。株を見て、手前を低く、後ろが高くなるようにすると、自然な雰囲気に。

6

中央より左サイドに、ジニア（4、5）を植える。右サイドのガイラルディアとボリュームを合わせて3株植えた。奥を高くし、手前が低くなるように植えるとよい。

7

後方左端にコプロスマ（6）を、枝を張り出す感じで植える。続いて前方に、ダリア‘スターシスター’（7）を2株植える。花が見えるよう、手前に少し傾けて植える。

8

中段中央より左寄りにメギ（8）を、その手前にアメリカヅタ（9）を植える。手前中央に、主役のダリア（10）を、横顔が見えるよう少し角度をつけて植えると印象的。

9

背の高いアンスリスクス（11）を植える。繊細な葉は軽やかさを全体に添えるので、雰囲気よく飛び出すよう株の向きを確認して植える。残りも配置図通りに植える。

10

レンガの脇に空いている6か所の小さなスペースには、グラウンドカバーを植える。葉の色や形などで自由に配置を決めて、植えるとよい。

小道のある花壇のつくり方
→ 82 ~ 83ページ

17
玄関へのアプローチに石畳の小道を。通るたびに植物の息吹を感じる癒やしの空間

門から玄関へと続く数メートルのアプローチを
「小道のある花壇」に仕立てて、庭のある暮らしを始めませんか。
敷石をラフに敷いた小道は緩やかに蛇行させて、
その横には、植物の高低差を生かした立体的な花壇をつくります。
これが、狭くても広がりのある庭に見せるテクニックです。
小道と花壇の間も少しあけると、ゆったりとした印象に。
まずは、花壇の骨格となる低木を５～６種類決めましょう。
続いては、花壇の印象を決める、花色の選定です。
今回は初夏らしく、紫を中心にピンク＆白で、かわいくて
華やかな色の組み合わせにし、晩秋まで楽しめる花壇にしました。
小花をまとめて、ある程度ボリュームを出すと素敵にまとまります。

【植物の選び方・使い方】

まずは花壇の骨格となる低木を決めます。次に、テーマカラーにした紫の花苗を選び、その花色が映えるピンクや白の花、黄色系リーフ類などを、高低差を考えて組み合わせます。

ポイントとなる低木

サンゴジュ
レンプクソウ科（スイカズラ科）
葉の観賞期：周年

高さと動きのある樹形が魅力。花壇のシンボル的存在です

光沢のある常緑の葉はきれい。初夏に白い小花を咲かせ、夏～秋に赤く熟し、季節ごとの変化が楽しい。葉虫の被害が多く、日陰や風通しの悪い場所は避けて。刈り込みに強い。

ハイドランジア‘アナベル’
アジサイ科　開花期：６～７月

純白の大きな花は清々しく、花壇後方を印象的に彩ります

寒さに強いアジサイとして人気。がくが発達した装飾花なので長もち。つぼみは淡緑で、咲くと純白になり、さらに進むと緑に変化し、秋にはアンティーク色に。春に伸びた新芽に花芽をつけるため、冬でも剪定可能。

フィソカルパス‘ディアボロ’
バラ科　葉の観賞期：４～11月

赤黒い葉が花壇のアクセントに。紫や白い花との対比も美しい

個性的な葉色は花壇を引き締め、見応えが増します。初夏に白い小花が手まり状に咲き、秋に葉色が深まり、冬に落葉。日当たりのよい場所を好みますが、水切れしやすく乾かすと葉を傷めます。マルチングが有効。

【低木】

後方に植えて、花壇全体の輪郭を決める役割があります。高低差を生かした配置にすると、メリハリがついてより魅力が増します。小葉で刈り込みに強い樹木は、樹高を抑えてカラーリーフとして使うことも。

ノリウツギ'ライムライト'

アジサイ科　開花期：7～9月

寒さと暑さに強い落葉樹で、円錐状の花房が存在感抜群です。黄色系の装飾花（がく）が咲く品種で、咲き始めはライム色、徐々にクリーム色に変化し、再び緑に戻り、秋には紅が差し、華やぎます。春に伸びた枝先に花が咲くので、冬でも剪定できます。

ビバーナム'スノーボール'

スイカズラ科　開花期：5月

アジサイに似た淡緑の手まり状の花は爽やか。寒さに強いものの秋に紅葉し、冬は落葉。春に芽吹く新緑は鮮やかです。剪定は花後すぐに。花つきがよくなります。暑さにも強い。

ロニセラ・ニティダ'オーレア'

スイカズラ科　葉の観賞期：周年

黄緑の小葉が美しい常緑低木。一年中葉色がきれいなのでカラーリーフとして使われることも多く、低く刈り込めば花壇の縁取りにも重宝。紫の花の隣に植えると、花色を引き立てます。暑さ寒さに強く、とても丈夫。 → p.22 でも紹介

プリペット'バリエガータ'

モクセイ科
葉の観賞期：周年

刈り込みに強く、高さを抑えれば、花壇の手前を一年中爽やかに彩って。白花や赤黒い葉とのコントラストも美しい。→ p.23 でも紹介

蛇行した小道を生かし、花壇の印象を左右で異なるように植栽しています。左からの眺めは、ピンクや紫の花でかわいい雰囲気に。ところが右からは、ダークな赤などを交えてシックな趣に。花や葉の色合いで雰囲気を変えて楽しんで。

【多年草】

暑さ寒さに強く、常緑を保ったり、冬に地上部は枯れても春に芽吹いたり。長期間楽しめる植物です。花壇のベースに取り入れると、あまり手をかけすぎなくても毎年楽しめます。

アニソドンテア

アオイ科　開花期：4～11月

すらりと伸びた茎に、花径2～3cmのピンクの小花をたくさんつけ、風に揺れる姿も愛らしい。花は、朝咲いて夕方にしぼむ一日花です。暑さ寒さに強く、生育旺盛なので、大きくなりすぎたら剪定し、バランスよく育てましょう。

宿根リナリア

ゴマノハグサ科（オオバコ科）
開花期：4～7月

極小の花をびっしりとつけた花穂をすっと伸ばす草姿は、エレガント。縦のラインが美しい植物と合わせると引き立て合います。多年草ながら短命ですが、こぼれ種でよくふえます。暑さや蒸れに弱いので、水やりは控えめに。

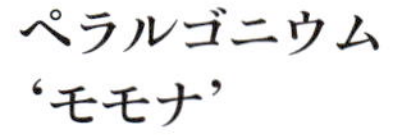

ペラルゴニウム 'モモナ'

フウロソウ科
開花期：4～7月

ゼラニウムの仲間。草丈は30cm前後と低く、花壇の手前がぴったり。蝶が舞うような可憐な小花を春～初夏まで咲かせ続けます。寒くなると、シルバーグレーに色づく葉も魅力です。

→ p.42 でも紹介

スカビオサ 'アメジストピンク'

マツムシソウ科
開花期：5～10月

高性種で、花径約6cmと大きめ。風に揺れる姿が絵になります。四季咲きタイプの改良種なのでより丈夫。とはいえ暑さには弱く、風通しよくしましょう。花がらや株元の黄色い葉はまめに取り除いて。

バーベナ・リギダ ‘ヴェノーサ’

クマツヅラ科　開花期：5～10月

長い花穂を立ち上げ、先端に紫の小花をドーム状に咲かせます。草丈は30～40cmなので手前に植えて。花後に切り戻すと、低い位置から再び開花。地下茎で広がり、冬に地上部は枯れます。丈夫で育てやすい。

サルビア・マナウス

シソ科　開花期：5～11月

穂状に咲くローズ色が印象的で葉色とのコントラストもきれい。茎も赤茶色でシック。2～3株まとめて花壇からせり出すように植えると見応えがあります。暑さに強く、よく分枝するので次々と開花。春の花後は草丈を半分に切り戻して。

オレガノ ‘ハイライト’

シソ科　開花期：5～11月

花と香りが楽しめる、立ち性の花オレガノ。開花がゆっくりで、ライムグリーンのつぼみ、約2か月咲くピンクの花、花後に赤く色づく付け根部分と、色変わりも魅力。7月下旬に刈り込めば、秋に再び開花します。高温多湿は苦手なので乾燥ぎみにして。

ホスタ ‘オーガストムーン’

キジカクシ科　葉の観賞期：4～11月

和名のギボウシでもおなじみ。ライムグリーンの肉厚で大きな葉が特徴で、花壇に明るさをもたらします。初夏には花茎が伸びて薄紫の花も。日照の強くなる夏に、葉色が冴える品種は貴重。気温の低下とともに黄葉し、落葉します。

【一年草】

低木や多年草でできた花壇のベースに、季節の彩りをプラスしてくれる存在です。春夏はペチュニアやアゲラタム、秋冬はパンジーやビオラなどの花期の長いものを選ぶと長期間楽しめます。

ペチュニア ‘リトルホリデー　ダブルブルーアイス’

ナス科　開花期：4～11月

花径2～2.5cmの極小輪の八重咲き種。上品な花色も魅力です。草丈20cm程度と低く、株一面に花が広がるので、花壇の縁を華やかに彩ります。ナメクジの害を受けやすいので薬剤で対処して。株の中心に花が少なくなったら、思いきって切り戻しを。

アゲラタム

キク科　開花期：5〜11月

房状に咲く青い小花が涼しげ。草丈約30cmの矮性種は草姿が乱れにくく、花壇前方に植えると映えます。蒸れに弱く、茂りすぎたら枝をすくように剪定を。花がらは房ごと切ると、わき枝が出て次々と咲きます。

オルラヤ

セリ科　開花期：4〜7月

長く伸びた茎先に咲く、白いレース状の花が優しい雰囲気を醸し出します。花壇では、縦のラインを生かすときれい。暑さに弱くて夏を越せませんが、こぼれ種でよくふえます。

ユーフォルビア　‘ダイヤモンドフロスト’

トウダイグサ科　開花期：5〜10月

花壇の前方を白いレースを広げたように優しく覆います。暑さや乾燥にも強い。

→p.10、18、23でも紹介

ニゲラ‘グリーンマジック’

キンポウゲ科　開花期：4〜7月

花びらのない品種で、新緑のようなグリーンが爽やか。花壇にナチュラルな雰囲気を描いてくれます。開花後は中心が膨らみ、実として長く楽しめます。ドライフラワーにしても。

ペンタス　‘ギャラクシー　パープルスター’

アカネ科　開花期：5〜11月

小さな星形の花が房状に咲く姿は目を引きます。なかでもピンクと白の覆輪が愛らしい品種。暑い時季も途切れずに咲き続け、花壇を鮮やかに彩ります。斑入りのカラーリーフと合わせると、お似合い。花がらは房ごと切り取って。寒さに弱いので一年草として扱います。

ハツユキソウ

トウダイグサ科
葉の観賞期：5〜10月

緑葉は暑くなると縁を白く変色させ、先端に白い小花を開花。雪化粧のような葉は、ライムグリーンなどニュアンスのある葉色と引き立て合います。生長が早く、草丈を抑えたいなら先端の芽を摘み、わき芽を伸ばして。

→p.29でも紹介

【小道のある花壇のつくり方】

小道をつくる→芝をはる→花壇をつくる、という手順はシンプル。頑張りすぎず、ナチュラルな仕上がりを目指すと愛着もわきます。花図鑑を見ながら計画を立てる時間も楽しみましょう。

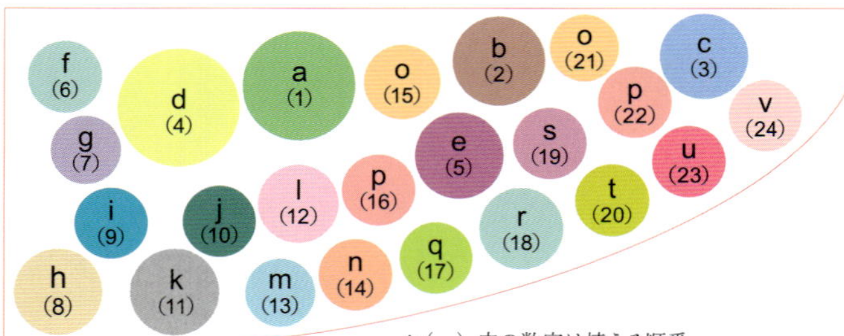

＊（　）内の数字は植える順番
＊花壇のサイズは幅 190 ×奥行き（最大）100cm

●植栽図

a　サンゴジュ
b　フィソカルパス‘ディアボロ’
c　ビバーナム‘スノーボール’
d　ハイドランジア‘アナベル’
e　ノリウツギ‘ライムライト’
f　アニソドンテア
g　ホスタ‘オーガストムーン’２株（＊）
h　ペラルゴニウム‘モモナ’３株（＊）
i　ハツユキソウ　２株（＊）
j　オレガノ‘ハイライト’３株（＊）
k　アゲラタム　３株（＊）
l　スカビオサ‘アメジストピンク’
m　ロニセラ・ニティダ‘オーレア’３株（＊）
n　ペチュニア
　‘リトルホリデー　ダブルブルーアイス’２株（＊）
o　宿根リナリア　４株（２株ずつ２か所に植える）
p　バーベナ・リギダ‘ヴェノーサ’２株
　（１株ずつ２か所に植える）
q　ニゲラ‘グリーンマジック’２株（＊）
r　ペンタス‘ギャラクシーパープルスター’３株（＊）
s　オルラヤ
t　プリペット‘バリエガータ’３株（＊）
u　サルビア・マナウス　２株
v　ユーフォルビア‘ダイヤモンドフロスト’

（＊）印はまとめて植える

●用意するもの

敷石　縦 20 ×横 20 ×高さ３〜５cm
　25 枚
切り芝（高麗芝）　縦 30 ×横 25cm　20 枚
肥料（たい肥または腐葉土）
腐葉土（飾り用）

※敷石の間のグラウンドカバーについては、p.84 〜 86 で紹介

1　敷石を仮置きし、設置場所を決める。ラフな敷石を選び、少しすき間をつくって置くと、ナチュラルな印象に。地面をネジリ鎌などで削って平らにしてから敷いていく。

2　小道の片側に、切り芝を仮置きする。地面を平らにし、切り芝をはっていく。多少すき間をあけてはっても、数か月で全面が埋まる。４〜５月か、初秋が芝はりの適期。

3

花壇にする場所に、たい肥か腐葉土を入れて、よく耕しておく。

4

低木を鉢ごと仮置きする。中央付近に樹高のある低木を置き、個性的な葉をもつ植物をアクセントに加えると締まる。離れた場所から眺め、バランスを調整する。

5

仮置きした場所に、穴を掘って低木を植える。枝の張り加減などを確認し、株の向きを決める。次に、中段部分を埋める花（多年草がメイン）を鉢ごと仮置きする。

6

残りの植物も鉢ごとすべて並べる。手前の一列には、背丈が低く色鮮やかな一年草をメインに植える。花の間に明るい色のグリーンを挟み込むとバランスがよい。

7

植える場所が決まったら、穴を掘って苗を植え付けていく。株が小さい一年草は、低木のボリュームに合わせて2～3株まとめて植えると魅力が引き立ち、華やぐ。

8

花とグリーンをバランスよく並べ、隣同士になる花やグリーンは違う色みのものを選び、同じ色が並ばないようにする。枝や花茎の流れなども確認して植え付ける。

9

敷石の間に、穴をあけてグラウンドカバーを植え付けていく。株が大きければ、株分けして穴に入る大きさに。何種類かを使うほうが、よりナチュラルな雰囲気に。

10

最後に、花壇の土が見えている場所に腐葉土を敷いていく。手前部分など、とくに目につく場所は、株元まで丁寧に敷くと、自然な趣に仕上がる。

グラウンドカバーについて

庭や花壇に花を植えたときに、土の部分がむき出しになっていると、やや残念な見栄えになります。そんなときに活躍するのが、グラウンドカバー。這うように横に広がって地面を覆う草丈の低い植物のことで、レンガや敷石などのすき間に植えると、ぐっと雰囲気をよくしてくれる花壇や小道の名脇役です。重要なのが、その植物の選び方。育てる場所が日向なのか日陰なのか、葉と花どちらを見せたいのか、地面を這うものかふんわり広がるものか、葉色は何がよいのかなど、環境とイメージにふさわしい品種を選びましょう。何種類かを組み合わせると素敵に仕上がります。ここでは丈夫で育てやすい植物を挙げています。そのため、ふえすぎてしまうこともあるので、適度な剪定も必要です。

【おすすめの品種】

フィカス・プミラ ‘グリーンライト’

クワ科
葉の観賞期：周年

白い斑入りの小さな緑葉が爽やか。生育旺盛で、枝から気根を伸ばし、這うように広がります。日当たりの悪い場所でも育ちます。気温15℃以下になると、生長は緩慢に。

ペビリアンデージー

キク科　開花期：4～10月

約1cmの可憐な小花が株一面に咲きます。高温多湿は苦手ですが、夏の午後に日陰になる場所なら大丈夫。草姿は乱れず、ふんわりと咲きながら広がるので、ナチュラルな雰囲気にぴったり。

アジュガ ‘シルバーシフォン’

シソ科
葉の観賞期：周年

這うようにして横に広がります。暑さに少し弱く、夏は半日陰で風通しのよい場所に。寒さには強い。春の紫～ピンクの花もかわいい。

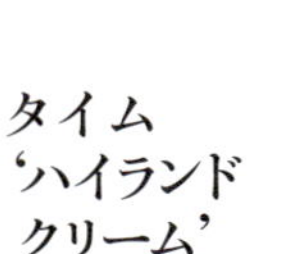

タマリュウ

キジカクシ科
葉の観賞期：周年

細い緑葉が繊細。暑さ寒さに強く、丈夫で植える場所を選びません。初夏には淡紫の小花、冬には小さな青紫の実をつけます。生長は遅く、地下茎で殖えます。

ベロニカ ‘レッドライン コンパクタ’

ゴマノハグサ科
（オオバコ科）
葉の観賞期：４～11月

緑葉にクリームの斑が入り、赤い茎の個性派。這うように横に広がり、春に青い小花を咲かせます。寒さに強いものの、夏は半日陰で風通しのよい場所に。

タイム ‘ハイランド クリーム’

シソ科
葉の観賞期：周年

ほふく性で香りのよいレモンタイムの斑入り。葉が細かくふんわりと茂ります。春～初夏に開花。高温多湿は苦手。伸びすぎたら剪定を。

ロニセラ ‘マカロン’

スイカズラ科
葉の観賞期：周年

丸い緑の小葉が連なって這う姿はキュート。暑さ寒さに強く、大変丈夫です。伸びすぎたら剪定を。花壇の縁取りにもおすすめです。

このほかにも、本書で紹介しているグレコマ‘ライムミント’、スノードラゴン（ともにp.10）、ヘデラ‘シャムロック’（p.23）、ステファニーゴールド（p.32）、プラティア・アングラータ‘ライムカーペット’、ペニーロイヤルミント（ともにp.60）、ワイルドストロベリー（p.61）などもグラウンドカバーに向いています。

【セダムも人気】

乾燥にとても強く生育が旺盛。風通しのよい場所を好み、高温多湿は苦手です。冬に地上部が枯れても春には芽吹きます。踏まれた茎が転がった先で根を下ろし、株を広げることも。

ミモザ

ベンケイソウ科
葉の観賞期：周年

名前の通り、美しい黄色のセダム。地面を覆うように旺盛に広がります。株が広がり混んできたら、蒸れ予防に刈り込んで。日当たりが足りないと緑色に。

オウゴンマルバマンネングサ

ベンケイソウ科
葉の観賞期：周年

名前の通り、葉が丸く鮮やかな黄金色の品種で明るさを添えます。葉色や形の違うタマリュウなどの隣に植えると引き立て合います。

フイリマルバマンネングサ

ベンケイソウ科
葉の観賞期：周年

緑葉に白い縁取りが入る、爽やかでかわいい品種。タマリュウやペビリアンデージーを近くに植えると、お互いの魅力が際立ちます。

モリムラマンネングサ

ベンケイソウ科
葉の観賞期：周年

生育旺盛で横にどんどん広がります。春に黄色い小花が咲くことも。過湿に弱く、日当たりのよい場所を好みます。伸びてだらしなくなってきたら、刈り込んで。

サクサグラレ

ベンケイソウ科
葉の観賞期：周年

密に詰まったらせん状の葉がユニーク。春に新芽が動き出し、夏は生長が止まります。日当たりや水はけが悪いと、間延びします。

→ p.32 でも紹介

敷石のすき間に植えるときは、株分けして植えます。株分けのコツは、植物の根の部分を持って、自然に割れるところを探りながら割ること。無理に引き裂くと、根が傷むのでやめましょう。

花壇のアフターケア

5月につくった小さな花壇(p.70)。秋になると花の盛りが過ぎ、低木やカラーリーフも伸びてきます。秋〜晩秋に旬を迎える一年草を植え直し、素敵な花壇に仕立て直しましょう。

1

花が咲き終わり、枯れてしまった植物を株ごと抜き取ったあとの状態。空いたスペースに肥料を混ぜ込んでおくと、新しく植える一年草の花のつきや花色がよくなる。

2

残した低木やカラーリーフの剪定を。枯れた枝は付け根から切り、伸びすぎた枝も切って樹形を整える。自然な趣のある花壇にしたいので、切り揃えなくてよい。

3

色や高低差を考えて植物を選び、配置を決める。その後、奥から植えていく。植える場所に穴を掘り、株の向きを確認して手前が低くなるようにクジャクアスターを植える。

4

中央に主役となる赤紫のキク'マウントトルマレット'を植える。ユキヤナギの枝を手前に出すなど、新しく植える植物に、残した低木やカラーリーフを絡めていくと、ナチュラル感が出る。

5

左端にストックを植え、サルビア・レウカンサを右手前に植える。紫の長い花穂を、左側に少し垂れるように植えると、動きが出てより自然に。動きを添える植物を1つ加えるだけで、花壇全体に変化がつく。

6

でき上がり。秋らしく、紫をテーマにした花壇。主役は赤紫のキクで、クリーム色のストックが引き立て役。後方を高くし、手前は低く。4株だけでも、こんなに素敵に仕上がった。

栽培の基本

植物が元気に生長し、きれいな花を長く楽しむには、押さえておきたいポイントがあります。植物の家となる土のこと、養分となる水や肥料のこと、日々の手入れのことなど、基本を知って植物と仲よくなりましょう。

●土について

基本的には、肥料などが配合された市販の園芸用培養土（写真右）を使います。土の質は価格に比例します。元肥が入っている培養土でも、花を次々と咲かせるには追肥をするとよいです。鉢に植えるときは、水はけをよくするために、最初に鉢の底に鉢底石（大粒の軽石）を入れます。なければ、大粒の赤玉土（写真左）でもOKです。鉢の1/5くらいを目安に入れるとよいでしょう。

●水やりについて

土の表面が白く乾いたら、水やりのサイン。鉢底から流れ出るまでたっぷりと水を与えるのが基本です。気候が穏やかな春と秋は、植物の生育も旺盛なので、植物の上からたっぷりと。夏は蒸れやすいので、葉や花にかからないよう株間にかけて。冬は水やりの頻度を減らし、時間帯は太陽が昇っている午前中がベスト。夜間に凍るおそれがあるため、昼以降の水やりは避けましょう。

●剪定について

草丈が伸びて全体のバランスが悪くなったら、思いきって短く切り戻し、形を整えます。株元から2～3節残す位置でOK。葉のつけ根に新芽があるので、残る茎や枝の下に葉があるか必ず確認を。伸びた花茎を切ることで、花つきもよくなります。とくに梅雨前～夏は、混みすぎた枝や茎をすいて風通しをよくしましょう。蒸れると病気や害虫が発生しやすくなります。

●肥料について

植物の生育をよくし、花つきや花色もよくする肥料の使い方は大きく2つあります。植物を植え付ける培養土に混ぜ込む元肥と、開花期の長い植物などに養分切れを起こさせないための追肥です。ここで紹介する固形肥料は緩効性で持続期間が長いので、追肥は1か月に1度を目安にするとよいでしょう。植物に当たらないよう、株元から少し離れた土の上に数か所置きます。

●害虫対策について

気温の上昇とともに、アブラムシやヨトウムシ、アオムシなど、植物にダメージを与える害虫も活発に。被害を受ける前に、浸透移行性の粒状タイプの殺虫剤を土の表面にまいておくとよいです。根や葉から吸収されて移動する薬剤を浸透移行性といい、その植物を食害した害虫を退治する働きがあります。長期間効果が持続するので、とても便利です。

DIYの基本
と
アイテムのつくり方

これまで紹介してきたスツールやプランター、
テーブルなどのアイテムのつくり方を紹介します。
また、DIY 初心者でもわかりやすいよう、
使う道具や基本の作業についてもまとめました。
使う材料は、ホームセンターで買えるものばかり。
どんな色でペイントして、どんな花を飾りたいか、
想像を膨らませてから買い出しに行きましょう。

ＤＩＹで使う道具

DIYを始める前に揃えておくと便利な道具を紹介します。組み立てに必要な道具の役割は、主に「測る」「切る」「打つ（留める)」。道具がなければ、ホームセンターなどのレンタルサービスを利用するのも一案です。

【組み立てに使う道具】

電動ドリルドライバー

穴あけとビス打ちに使う電動工具。下穴用ドリルビット（今回は3mmを使用）など、作業に応じて先端に付けるドライバービットを付け替えます。回転速度は、電源スイッチを握る力でコントロールできます。

ビス

らせん状の溝で木材同士を接合し固定させます。サイズはいろいろあり、今回使用したものは、長さは20～65mm、太さは3.8mmです。長さ違いを何種類か準備し、木材の厚みに合わせて使い分けましょう。

のこぎり

片刃と両刃がありますが、初心者は片刃が扱いやすいです。引くときに切れるので、力を入れるのは引くときだけでOK。小刻みに引くより、刃全体を使うようにして大きく引くと、きれいな線で切れます。

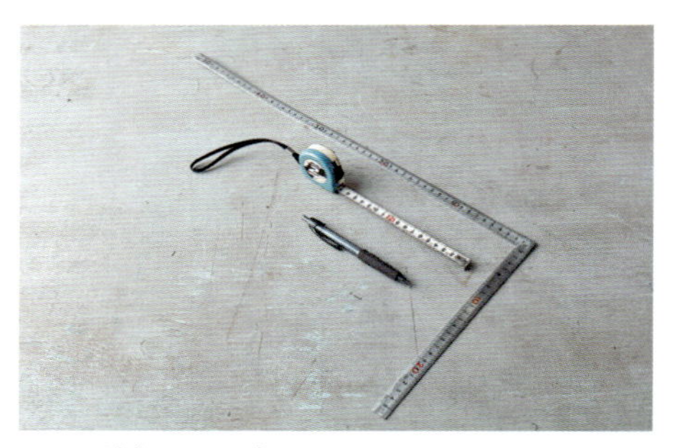

サシガネとメジャー

長さや水平を測り、目印をつけるのに必要な道具です。直角がわかるL字形のサシガネは必需品といえます。メジャーは屋外で使うことも多いので、錆びにくいステンレス製がおすすめ。ペンも忘れずに。

かなづち

何かを打ちつけるときに使います。今回のDIYでは木材に傷をつけてアンティークの風合いを加えるときや、木枠に底板をぴったり押し込むときに使っています。

【ペイントに使う道具】

ペンキ

水性系と油性系があります。水性系はシンナー臭がなく、いったん乾けば水で溶けることはありません。乾く前なら、はけや容器を水洗いできるので扱いやすい。油性系は水性系よりはがれにくく、水に強い。

はけ

使用後は、ペンキが乾く前に新聞紙などでよく拭き取ります。その後、水性は水で洗い、油性はペイント薄め液で下洗いを。どちらも最後に台所用洗剤で洗うときれいに。乾かすときははけ先を上にして。

紙やすり

木材を研磨する道具。木材の断面を滑らかにする、角を取って丸くする、木材の表面についた塗料を削り落とす作業などに使います。今回は＃ 100 を使用。木片に巻くと力が入りやすく、作業がスムーズです。

オイルステイン

木材に染み込むので、木目を美しく浮かび上がらせ、新品の木材でも古材のような風合いになります。ただし、木材を保護する力はありません。今回使用したものは水性なので、使用後のはけは水洗いでＯＫ。

でんぷんのり

使いこんだ風合いを出すエイジング加工の必需品。オイルステインやペンキを塗った木材にのりを塗り、さらに水性ペンキを塗って乾かすと、ひび割れが発生し、削ると簡単にはがれます。スティックのりでも。

DIYの基本

スツールやプランターカバーなど、ガーデニング用のDIYを進めるにあたって知っておきたい木材のこと、基本的なビスの打ち方やのこぎりの使い方などを詳しく紹介します。

【本書で使った木材】

ホームセンターで入手しやすい木材のなかから、屋外で使用するため、ある程度耐久性があり、初心者でも扱いやすいものを選んでいます。また、ツーバイ（2×）材や角材など、普及しているサイズを使用する設計に。木材は、ペンキなどで塗装することで耐久性も高まります。

左／軟らかくて使いやすいSPF材はツーバイ材では一般的。中／表面が白いホワイトウッド。軟らかくてDIY向き。右／少し硬めで耐久性のある杉荒材。

【ビスを打つ】

ビスはらせん状の刃が木材に食いつくので接合力が強く、電動ドリルドライバーであっという間に打つことができます。

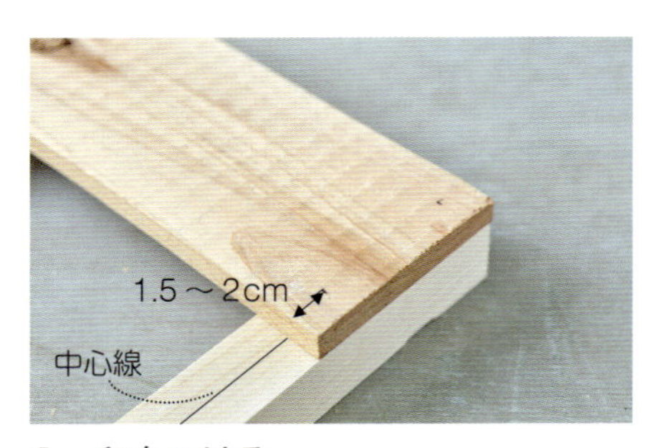

1　印をつける

ビスを打つ場所は打ち付ける木材（下側）の幅の中央線上で、上側の木材の端から1.5～2cm内側がベスト。メジャー（またはサシガネ）で長さを測り、打ちたい場所に印をつける。

2　下穴をあける

初心者は、ビスを打つ前に下穴をあけると失敗がない。ビスの直径より小さめのドリルビットをセットし、下側の木材に少し届くくらいまで穴をあける。

3　ビスを打つ

ビスを下穴に入れ、ドライバーの先をビスの頭にセットする。木材がずれないように反対の手でしっかりと押さえ、木に対して垂直に打ち込む。

ビスの深さはこのくらい

手前の木材を貫通し、後方の木材にビスが2～3cm入るくらいが、打ち込む目安。木材の厚みを考えてビスの長さを選んで。

※木材は湿度で伸び縮みするため、購入した木材のサイズに1～2mmの誤差が生じる場合もあります。ぴったり合わない場合は、やすりで削るなどの調整をしてください。

●ビスを打つときの注意点

平らな安定する場所で行いましょう。ビスの穴とドライバーの先端をしっかりと合わせて、真上からぐっと力を入れてゆっくりと押し込むと、ドライバーは空振りしにくいです。節のある場所は打ちにくく、割れやすいので、必ず下穴をあけてから、しっかりと力を入れて作業しましょう。

節のある部分は慎重に

節の部分にビスを打つときは、スムーズに入りにくいので慎重に。反対の手でしっかり押さえて。

端は割れやすいので注意

下穴をあけずに端のほうにビスを打つと、このように割れることが多い。美しく仕上げたいなら下穴をあけて。

【木材をＬ字に切る】

切る前にサシガネを使ってしっかり線を引くことが大事。台などを利用して、力が入りやすい高さにするとラクに切れます。

1　木目に反して刃を入れる

木目に垂直に刃を入れる。のこぎりは引くときに切れるので、刃を大きく動かし、引くときに力を入れること。反対の手で木材をしっかり押さえて。

2　刃を立てて切る

切り終わりは刃を立てて地面に垂直に動かす。木材に対して刃が斜めに入ると切りにくい。刃が倒れないように、人差指をのこぎりの柄に添えてしっかり握る。

3　木目に沿って刃を入れる

木目に沿って同様に刃を入れる。線の真上を切ると切りくずが出る分、線の内側まで削れるので、正確に切りたいなら線のやや外側に刃を入れるとよい。

【やすりをかける】

木材を組み立てた後は、必ず紙やすりをかけましょう。＃100くらいの粗目のもので十分。木片に巻いて使うと力が入れやすいです。

角や切り口を研磨する

本書で紹介しているアイテムは、ペンキを塗る前にすべて紙やすりをかけ、表面を滑らかにする。さらに、木材の切り口や角を研磨することで、木材が割れたり、ささくれ立ったりするのを防ぐ効果も。脚の下は使用時のダメージが激しく割れやすいので丁寧に。また、ペンキを塗った後にやすりをかけると、ほどよくペンキがはがれて、アンティーク風な仕上がりに。

【スツール(p.8)のつくり方とアンティーク風ペイント】

【完成サイズ】（幅 × 奥行き × 高さ）
大　367×366×669mm
小　367×366×419mm

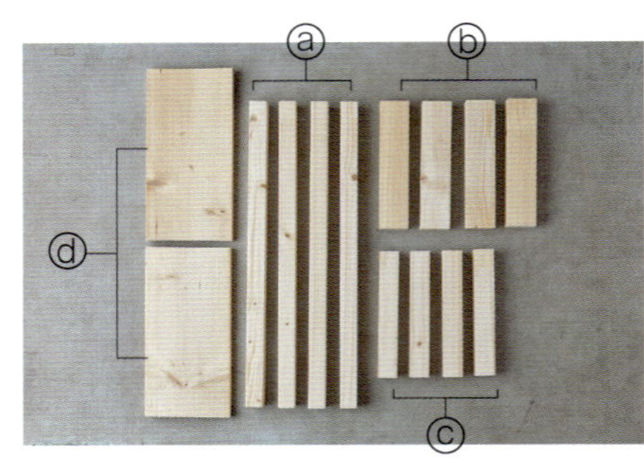

使用する木材　（長さ × 幅 × 厚み）

a　SPF 材　650×37×37mm　4本
　※背の低いほうのスツールは、a の長さを 400mm にカット
b　ホワイトウッド材　270×60×30mm　4本
c　ホワイトウッド材　270×40×30mm　4本
d　SPF 材　367×183×19mm　2枚

●展開図

使用するビス

●65mm　32本
●35mm　8本

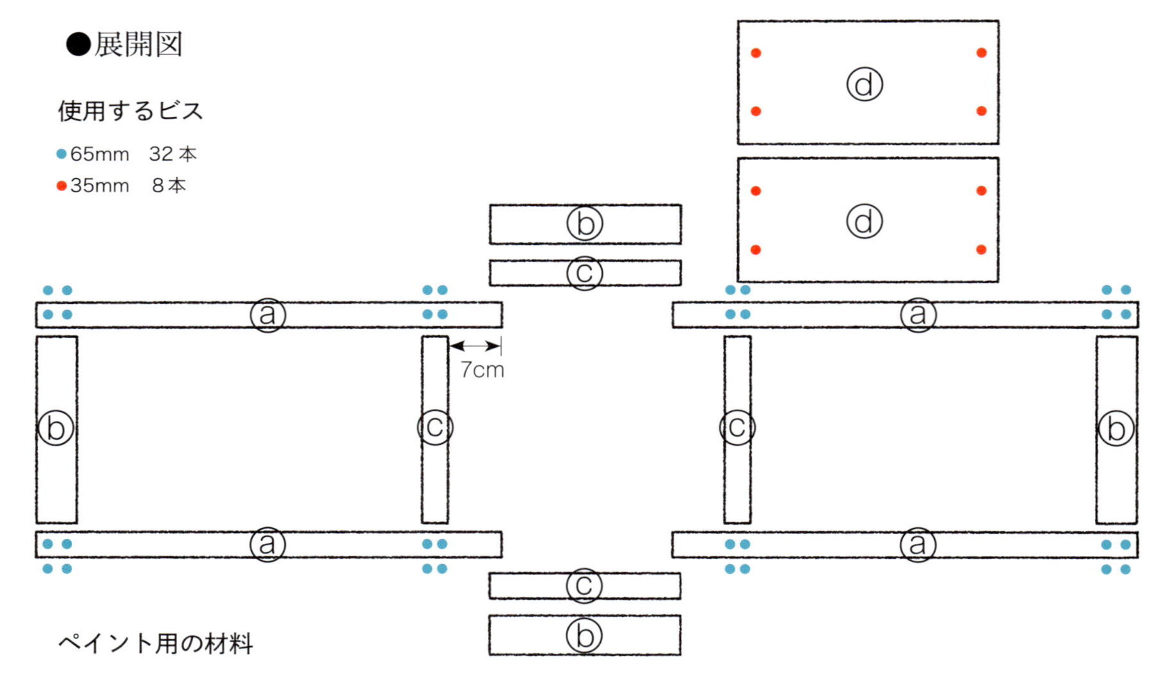

ペイント用の材料

・水性オイルステイン（オーク）
・水性ペンキ
　アトム オールマイティーネオ（ライトブルー）
・油性自然塗料（オイルステインでも可）
　シオン U−O I L（D ライトオーク 003）
・でんぷんのり
・紙やすり（＃ 100）
※ p.14 のペンキの色はフォレストグリーン、p.15 はペンキを使わずオイルステインを塗り、土で汚して仕上げる。

1

脚（ａ）の上端に、台座用板（ｂ）の上端を合わせる。木材をしっかりと固定させて、脚の中央線上で、台座用板の上下端からそれぞれ 1.5 ～２cm 内側に 65mm のビス（以下④まで同じビスを使用）を計２本打つ。ビスを打つ前に、下穴をあけておくとよい。

2

脚の下端から７cm の位置に、貫（ｃ）の下端を合わせてビスを２本打ち、固定する。脚（ａ）を反対側にも付けて、脚の側板をつくる。同様にして、もう１つ同じ側板をつくる。

3

２つの側板をつなぐ。まずは脚の上端側を下にして作業台に置き、台座用板（ｂ）の角と直角になる位置で固定する。最初に打っているビスとぶつからないよう、上下に少しずらしてビスを打ち、固定させる。同様に貫（ｃ）もビスで固定する。

4

③に、もう１つの側板をビスで同様に固定してコの字形にし、残りの台座用板（ｂ）と貫（ｃ）でもう一方を固定すると、天板のない状態のスツールができ上がる。

5

木材の端や角はやすりで削り、角を取って丸くする。とくに脚の下は、使用時のダメージが激しく、使っているうちに木材が割れやすいので、丁寧に削り、角を取ることが大事。

6

オイルステインを塗る前に、木材の表面にすべてやすりをかけることで、オイルステインが染み込みやすくなる。

7

オイルステインは色ムラを防ぐために、缶ごとよく振り、容器に取り出してよくかき混ぜてから使う。作業台が汚れないよう、段ボールを敷くとよい。はけで木目に沿って塗る際は、一度にたくさんの量を塗るより、薄く塗り広げるほうがきれいに仕上がる。

8

座板をのせる側を下にして、全体をオイルステインで塗り、乾かす。季節や天候にもよるが、30分～1時間で乾く。底面が段ボールにくっつかないように、四隅に木片などを置き、その上にのせるとよい。

9

のりを指で全体に塗っていく。とくに、使い込んだ風合いを出したい場所には厚めに塗る。のりが完全に乾いてしまうと、うまく塗料が削れないので、1時間ほど乾かしたら⑫の作業を行うとよい。

10

座板（d）2枚もやすりで角を取って丸くし、表面を削る。その後、かなづちで叩いて傷をつけておくと、アンティークな風合いがプラスされる。かなづちがなければ、アスファルトの上でこすって傷をつけてもよい。

11

屋外に置くので、座板部分を塗るのは、雨や紫外線に強い油性ペンキがおすすめ。裏面から塗り、色の加減を確認すると、表面を失敗せずに塗れる。側面部分も忘れず、はけで丁寧に塗り、乾かす。

12

ライトブルーの水性ペンキを、はけで木目に沿って脚全体に塗っていく。ビス穴部分には、はけを押し付けて木材とビスのすき間にペンキを染み込ませると、塗りムラが防げる。

13

水性ペンキを塗り終わったら、1時間ほど乾かす。

14

使いこんだ風合いを出したい場所を、やすりで軽くこすって削ると、ライトブルーの水性ペンキがほどよく落ち、下地に塗ったオイルステインの茶が見えて、雰囲気よく仕上がる。

15

削るところと残すところの強弱をつけるのがポイント。ときには離れて全体を眺め、削り加減をチェックし、やりすぎないようにしたい。使っているうちにはがれてくることも考慮して。

16

座板が乾いたら、少し湿り気のある土で両面ともにこすり、汚していく。アンティークな風合いを添えるテクニックの1つ。十分に汚れたら、土を払う。

17

座板（d）の裏面側を上にして、2枚をぴったりと並べて置く。その上に、脚の台座部分をのせ、ペンで仕上がりの見当を印していく。

18

脚を立てて、座板を⑰の印に合わせ、35mmのビスで計8か所打って固定する。座板の両端からそれぞれ4cm内側にビスを打つと、仕上がりがきれい。

【プランターカバー (p.16) のつくり方】

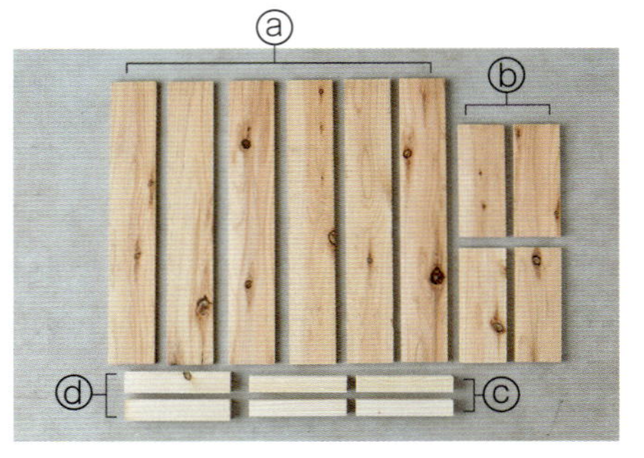

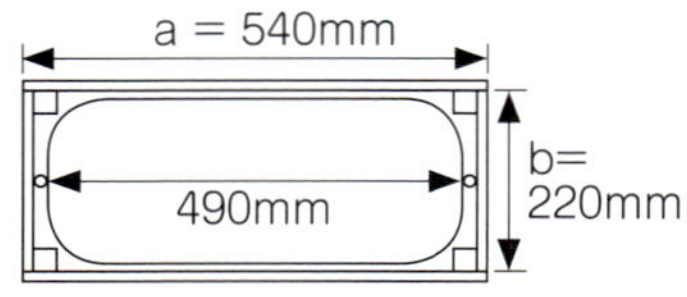

使用する木材 (長さ × 幅 × 厚み)

- **a** 杉荒材 540×87×13mm 6枚
- **b** 杉荒材 220×87×13mm 4枚
- **c** ホワイトウッド材 180×30×30mm 4本
- **d** ホワイトウッド材 195×40×30mm 2本

●木材のサイズの決め方

ここで紹介しているのは、幅490× 奥行き220× 高さ175mmのプランターに合わせたサイズです。お手持ちのプランターに合わせる場合は以下のように計算してください。

- a の長さ＝プランターの幅＋ 50mm
- b の長さ＝プランターの奥行き ± 0
- a、b の幅＝プランターの高さ ÷ 2
- c の長さ＝プランターの高さ＋5mm

プランターを取り出しやすいように、左右は指1本ずつ入るくらいのすき間を空けます。プランターは四隅にカーブがあるタイプを選びます。

●展開図

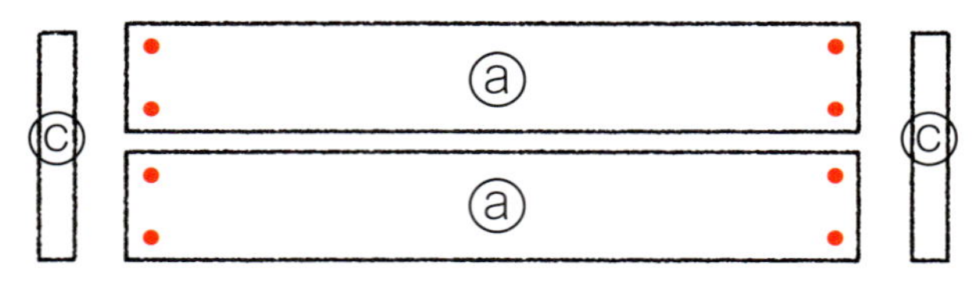

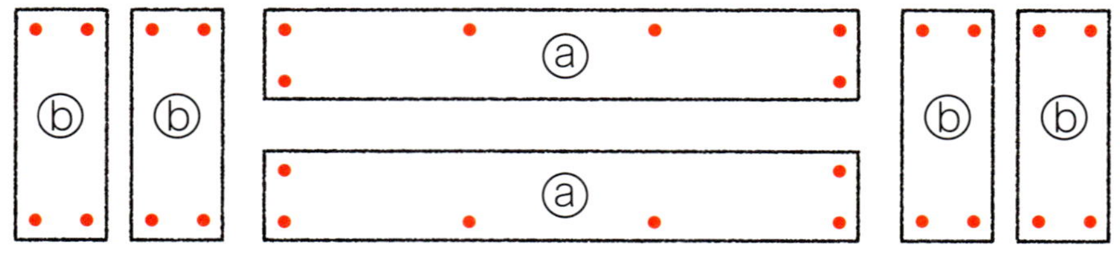

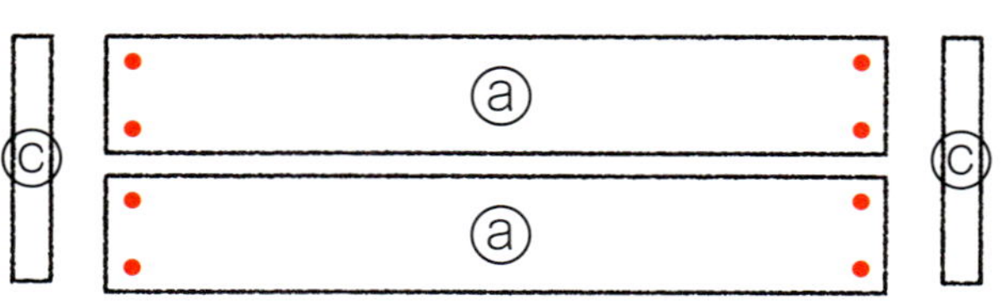

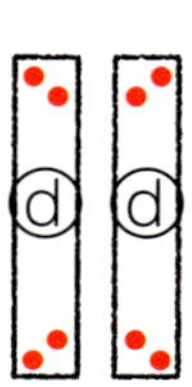

使用するビス

●35mm 52本

ペイント用の材料

- 水性ペンキ アトム オールマイティーネオ (スチールグレー、ブラックグレーの2色)
- でんぷんのり
- 紙やすり (♯100)

※ペンキの塗り方…スチールグレーをベースに、ブラックグレーを塗り重ねる。p.24 はオイルステインをベースに、アイボリーを塗り重ねる。

1

長さの短い側面からつくる。側面板（b）の上端の角を補強板（c）とぴったり合わせ、補強板の中心線上で、両端から 1.5cm の位置に印をつける。印の場所に下穴をあけてからビスを打ち、固定する。

2

補強板（c）の下端側にも①と同じ要領で、もう１枚の側面板をビス打ちする。板と板の間にすき間ができてよい。反対側も同様の手順で補強板にビス打ちし、側面が完成。もう１つこれと同じものをつくる。

3

②の側面に、正面用の長板（a）をつける。板の上端同士を合わせ、両端から 1.5cm の位置に印をつけ、上部のみにビスを軽く打つ。下にもう１枚の長板を同様に合わせ、下部のみにビスを軽く打つ。板のズレを正したあと、ビスを深く打ち直す。

4

③で打った２枚の長板（a）の反対側に、もう１つの側面を同様のやり方でビス打ちする。長板は各々１か所ずつでしかビス打ちしていないので、四隅が固定されたら、それぞれ打ち残していた端から 1.5cm の位置にビスを打ち、強度を保つ。

5

③④と同様にして、反対側にも長板（a）を２枚ビス打ちし、固定する。これで、プランターカバーの枠が完成。

6

底板（a）を付ける。２枚の底板をそれぞれの角に合わせて置き、両端から 1.5cm の位置にビスを打つ。幅の狭い板に打つので、下穴をあけてからビスを打つとよい。

7

底板（a）の両端を固定したら、底板の長辺を３等分した２か所（ここでは両端から 17.5cm の位置）にビスを打ち、補強する。厚みの狭い板に打つので、下穴をあけてからビスを打つとよい。

8

水はけをよくするために脚板（d）を付ける。好きなところに取り付けてよいが、植物を楽しむときに目立ちすぎないよう、今回は２本とも脇端から３cm、手前から 2.5cm の位置に決めて印をつける。

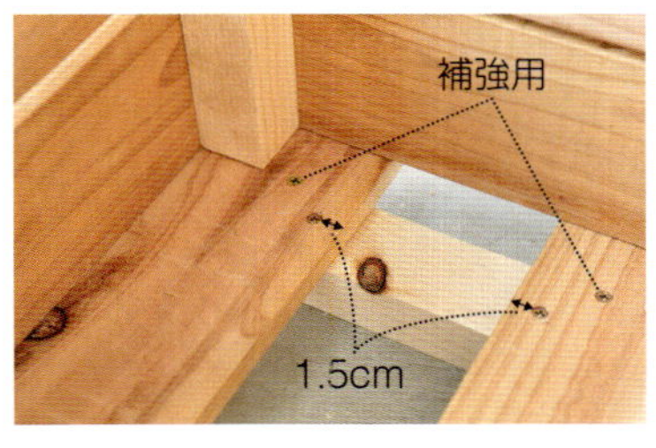

9

脚板（d）をビスで内側から固定する。脚板の中央線上で底板の端から 1.5cm の位置にビスを打ち、斜め外側に補強用のビスをもう１本打つ。ほかの３か所も同様にビスを打つ。その後、p.95 ～ 97 の⑤～⑮と同様にやすりをかけ、ペンキを塗って完成。

【手付きプランター (p.20) のつくり方】

【完成サイズ】（幅×奥行き×高さ）
450×166×413mm

使用する木材 （長さ×幅×厚み）

a 杉荒材 450×87×13mm 2本
b 杉荒材 450×43×13mm 5本
c SPF材 400×140×20mm 2枚
d 丸棒 410×直径40mm 1本

●展開図

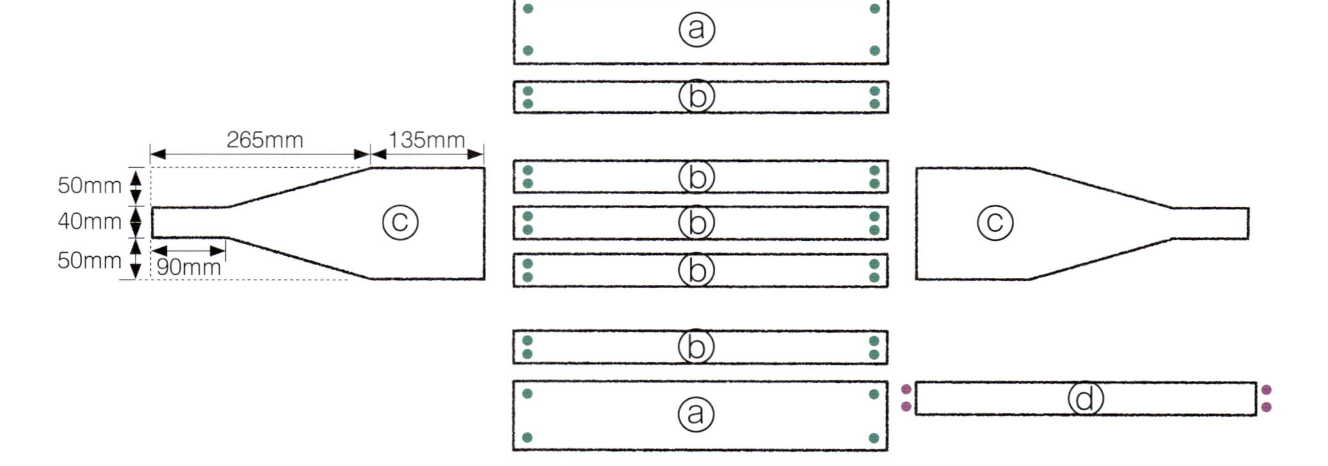

使用するビス

●60mm 4本
●45mm 28本

ペイント用の材料

・水性オイルステイン（オーク）
・水性ペンキ
アトム オールマイティーネオ（ベージュ、ライムの2色）
・でんぷんのり
・紙やすり（♯100）
※ペンキの塗り方…オイルステインをベースに、ベージュ、ライムを塗り重ねる。p.25はペンキを使わずオイルステインを塗り、土で汚して仕上げる。

1

側面用の板（c）に左の展開図のように線を描き、のこぎりで線のやや外側を切る。もう１枚同じものをつくる。

2

①で細くした上部に、持ち手となる丸棒（d）を当てて、なぞり書きして輪郭線をとる。

3

②でなぞり書きした曲線のやや外側をのこぎりで切り、不要な部分を切り落とす。数回に分けて切り、できるだけ丸い形に近づける。

4

側面板（c）の切り口をやすりで削って、滑らかにする。上部の曲線部分は丸く、中ほどのくびれ部分も丸みを帯びるようにやすりをかけ、２枚とも形をきれいに整える。

5

側面板（c）の下端と、正面・下側の板（b）の角を合わせ、等間隔の場所に 45mm のビス（以下⑧まで同じビスを使用）を２本打つ。幅の狭い場所に打つので、下穴をあけてから打つこと。

6

正面・上側の板（a）を、下側の板と 5mm すき間をあけて、側面板（c）の端と合わせて置き、上下端から 1.5cm の位置に下穴をあけてからビスを打つ。反対側の端も⑤⑥と同様にして側面板に固定する。もう１枚の正面板（上下）も同様に固定する。

7

底板（b）を付ける。まずは側面板（c）の角に底板の上端を合わせ、両端からそれぞれ 1.5cm の位置に下穴をあけてビスを２か所打つ。反対側も同様にビスを打つ。

8

側面板（c）のもう一方の角に、底板（b）の上端を合わせて⑦と同様にビスを４本打つ。中央の空いている場所に、すき間が等間隔になるよう底板を置き、⑦と同様にビスを４本打つ。

9

持ち手となる丸棒（d）を、側面上部に付ける。側面上部の曲線と合わせ、丸棒の上下各１cm の位置に印をつけ、下穴をあけて 60mm のビスを２か所打つ。反対側も同様に２か所ビスを打つ。その後、p.95～97 の⑤～⑮と同様にやすりをかけ、ペンキを塗って完成。

【ボックス (p.40) のつくり方】

【完成サイズ】(幅 × 奥行き × 高さ)
450×301×261mm

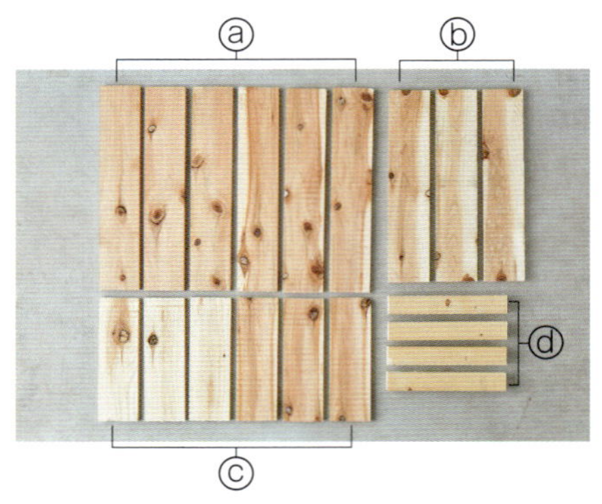

使用する木材 (長さ × 幅 × 厚み)

- **a** 杉荒材 450×87×14mm 6枚
- **b** 杉荒材 423×87×14mm 3枚
- **c** 杉荒材 273×87×14mm 6枚
- **d** ホワイトウッド材 247×40×30mm 4本

●展開図

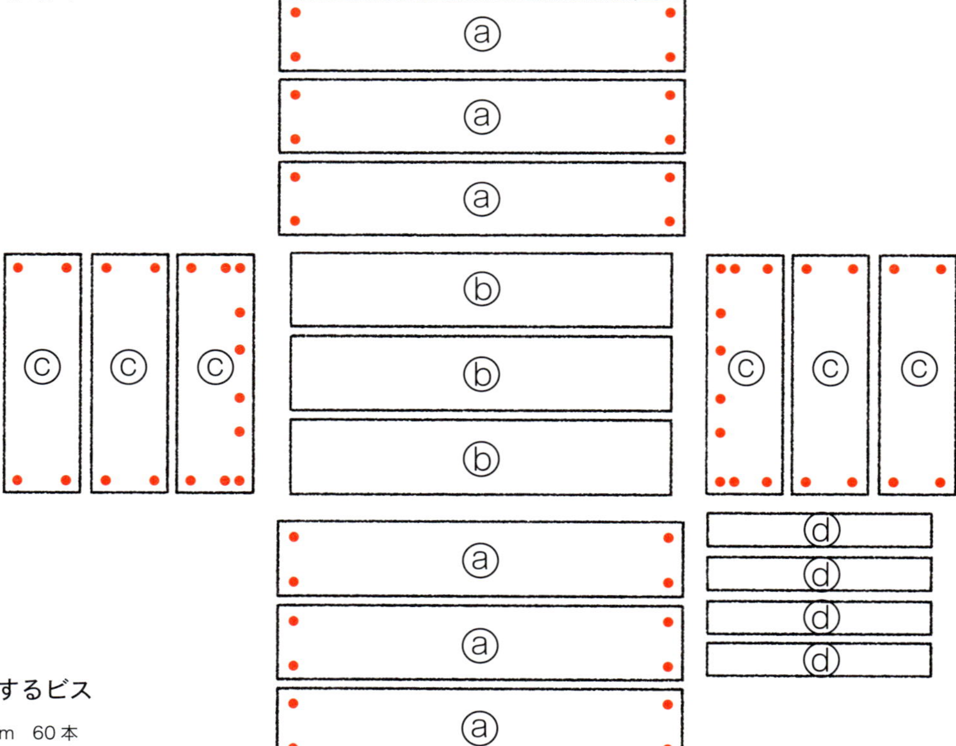

使用するビス

●35mm 60本

ペイント用の材料

・水性オイルステイン（オーク）
・紙やすり（＃100）
※ペンキの塗り方…オイルステインを塗り、p.97の⑯のように土で汚して仕上げる。

1

補強板（d）の 30mm の面が上になるように置き、上端に短い側面板（c）の上端を合わせせる。補強板の中心線上で両端から 1.5cm の位置に下穴をあけ、上側だけにビスを打つ。2枚目の側面板を並べ、両端から 1.5cm に下穴をあけ、ビスはまだ打たない。

2

3枚目の側面板（c）を並べる。両端から 1.5cm に印をつけるが、下端は補強板（d）より飛び出ているので、補強板の端から 1.5cm の位置に下穴をあけ、下側だけにビスを打つ。3枚目の板を手で奥に押しながらビスを打つと、板にすき間ができない。

3

反対側も同様に補強板（d）にビスを打つ。下穴をあけてビスを打っていない場所（両側で計8か所）にビスを打ち、しっかり固定する。もう1つ同じものをつくる。

4

③の補強板と側面板の上端が揃っている側の角と、長板（a）の角を合わせ、上端から 1.5cm、脇から3cm の位置にビスを打つ。

5

①〜③と同様に長板（a）を3枚並べ、ビスを打つ。ビスを打つ前に、板の脇から3cm、上下端から 1.5cm の位置に印をつけ、下穴をあけておくとよい。

6

反対側も同様に長板（a）3枚をビスで固定し、枠をつくる。

7

底板（b）を付ける。⑥の枠幅より板が長くて入らない場合は、やすりで削って長さを調整するか、かなづちで叩いて押し込むとよい。板は湿度で多少伸び縮みするので微調整する。

8

枠の角に底板（b）の角をぴったりと合わせて、両端からそれぞれ 1.5cm の位置にビスを打つ。幅が狭いので、下穴をあけてから打つこと。反対側も同様にしてビスを打つ。もう一方の枠の角も同様に、底板の角を合わせて、ビスを打つ。

9

固定した2枚の板とのすき間が等間隔になるよう、底板を入れて下穴をあけ、ビスを打つ。板の片側を手で押さえてしっかり固定させる。反対側も同様にビスを打つ。その後、p.95 〜 96 の⑤〜⑧と同様にやすりをかけ、オイルステインを塗って完成。

【花車 (p.26) のつくり方】

【完成サイズ】(幅 × 奥行き × 高さ)
537×360×760mm (キャスターまで含む)
コンテナ 507×330×102mm

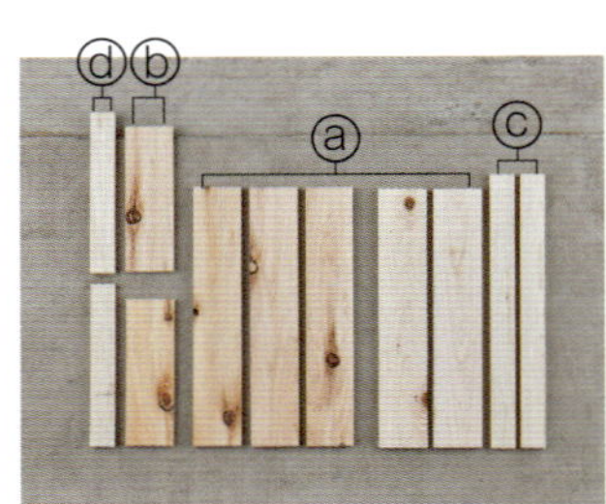

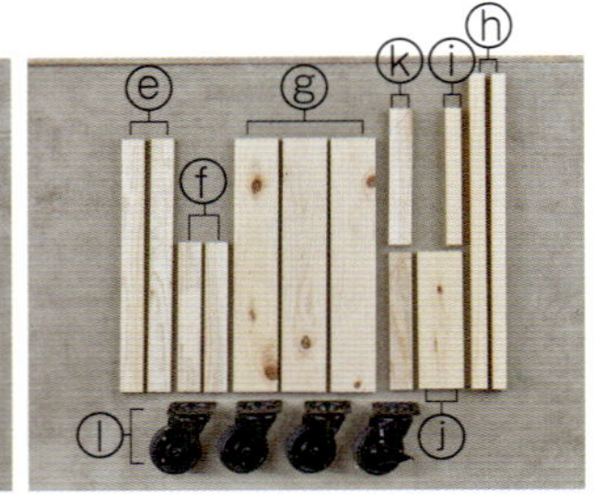

使用する木材 (長さ × 幅 × 厚み)

(コンテナ)
a 杉荒材
480×87×15mm 5枚
b 杉荒材
270×87×15mm 2枚
c ホワイトウッド材
507×43×15mm 2枚
d ホワイトウッド材
300×43×15mm 2枚

(台車)
e ホワイトウッド材 509×43×15mm 2枚
f ホワイトウッド材 300×43×15mm 2枚
g 杉荒材 509×87×15mm 3枚
h ホワイトウッド材
630×28×28mm 2本
i ホワイトウッド材
274×28×28mm 1本
j 杉荒材 274×87×15mm 1枚
k ホワイトウッド材 274×43×15mm 2枚
l キャスター 4個 (付属のビス)

●展開図

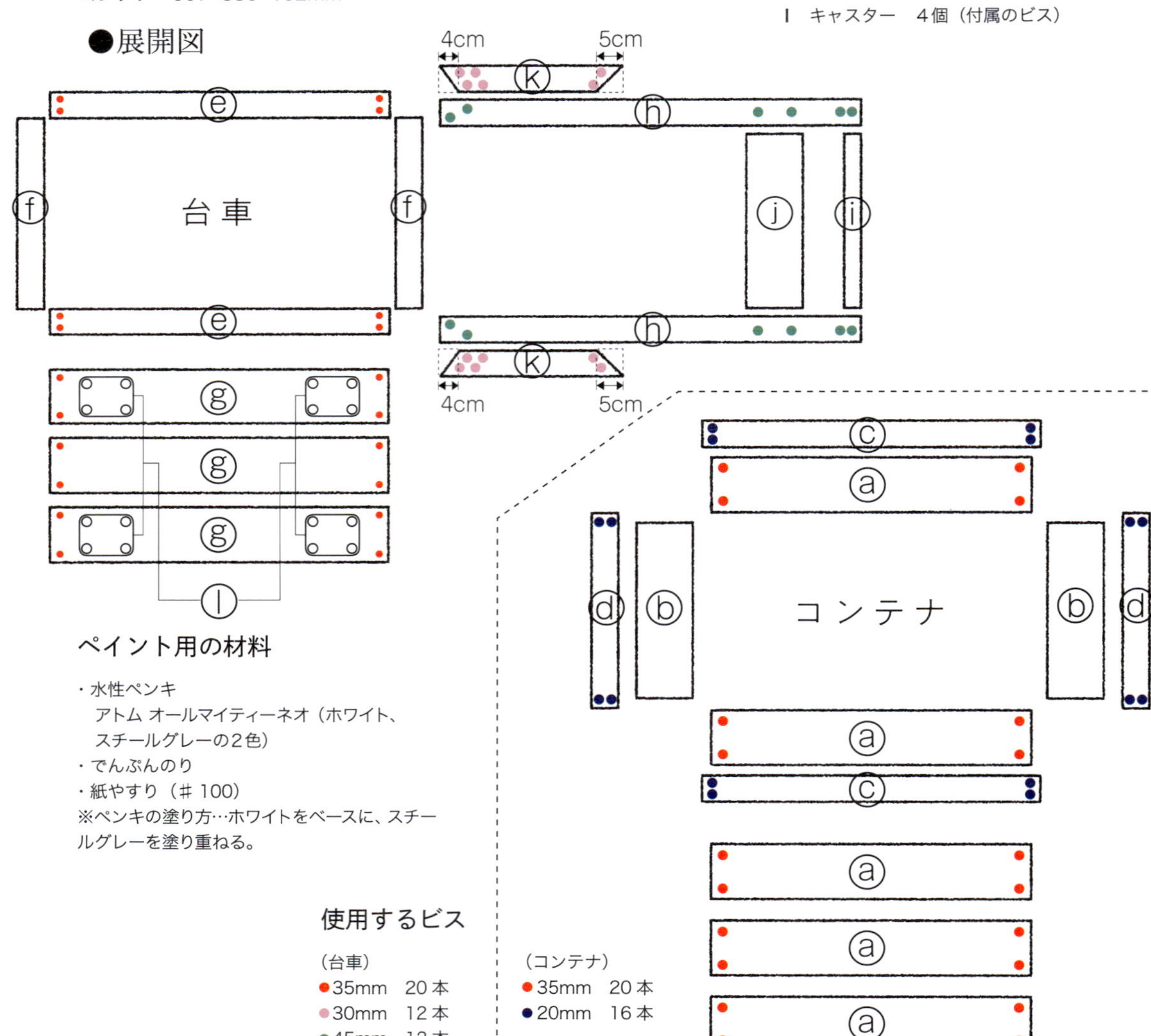

ペイント用の材料

・水性ペンキ
アトム オールマイティーネオ (ホワイト、スチールグレーの2色)
・でんぷんのり
・紙やすり (# 100)
※ペンキの塗り方…ホワイトをベースに、スチールグレーを塗り重ねる。

使用するビス

(台車)
● 35mm 20本
● 30mm 12本
● 45mm 12本

(コンテナ)
● 35mm 20本
● 20mm 16本

1

コンテナの枠をつくる。長板（a）の端に側面板（b）の断面の角を合わせ、両端から1.5cmの位置に下穴をあける。四隅とも同様に下穴をあけておくとよい。

2

①であけた下穴に35mmのビスを打つ。四隅ともに打つ。

3

底板（a）を付ける。2枚の底板の角を枠の角と合わせ、3枚目の底板を、板のすき間が均等になるように中央に置く。端から1.5cmの位置12か所に下穴をあけ、枠の角にあたる四隅に35mmのビスを打つ。

4

③で下穴をあけて、ビスを打っていない残り8か所に35mmのビスを打つ。

5

側面板（b）に短辺の縁板（d）を付ける。底を上にして④の箱を置き、箱の角と縁板の角を合わせる。上下の端から1.5cmで、下の側面板の左端から1.5cmの位置に、20mmのビスを2か所打つ。右端も同様にし、反対側にも縁板を付ける。

6

長辺の縁板（c）を付ける。長辺の縁板の端と、⑤で付けた短辺の縁板（d）の角を合わせる。上下の端から1.5cmの位置で、縁板の断面部分に20mmのビスを2か所打つ。狭い部分なので、下穴をあけたほうがよい。左端も同様にビスを打つ。

7

⑥と同様に、反対側の長辺にも縁板（c）を付けて、花車のコンテナ部分の完成。

8

花車の持ち手をつくる。持ち手の長い板（h）の端と、持ち手部分（i）の断面の角を合わせ、45mmのビスを2本打つ。狭い場所に打つので下穴をあけておく。反対側も同様に、ビスで固定する。

9

持ち手（i）の下端から8.5cmあけて、補強&飾り用の板（j）を付ける。薄いので上下のすき間が均等になるようバランスを見ながら、下穴をあけて45mmのビスを2か所打つ。

10

⑨と同様に反対側も 45mm のビスを打つ。

11

台車の枠をつくる。長板（e）の端と側面板（f）の断面の角を合わせる。上下の端から 1.5cm の位置に下穴をあけ、35mm のビスを２本打つ。四隅とも同様にビスを打つ。

12

底板（g）をつける。両端２枚の位置を決め（底板と長板の端は合わせず、側面板の端と合わせる）、等間隔になるよう、中央に３枚目を置く。底板の両端から 1.5cm の位置 12 か所に下穴をあけ、枠の角にあたる四隅に 35mm のビスを４本打つ。

13

底板のズレを正し、⑫で下穴をあけて、ビスを打っていない残り８か所に 35mm のビスを打つ。

14

⑬の短辺と、⑩の持ち手をつなげる。持ち手の下端を底板に合わせて、箱の角と合わせる。45mm のビスを対角線上に２本打つと強度が増す。

15

⑭と同様に、持ち手の反対側も 45mm のビスを打つ。

16

台車の補強板（k）の両端を、角度をつけて切り落とす。一方は端から 4cm、もう一方は端から 5cm の位置に印をつけて斜めに切り落とす。もう１枚の補強板も同様に切り、切り口にやすりをかける。

17

⑯の補強板（k）の 4cm 切った側を箱の下端に合わせ、５cm 切った側を持ち手の端に合わせて置く。30mm のビスを持ち手側に２本、箱側に４本打ち、しっかりと固定する。

18

ここで p.95 ～ 97 の⑤～⑮と同様にやすりをかけ、ペンキを塗る（写真はペンキを塗る前のイメージ）。最後に、台車の短辺から５cm の位置にキャスターの端を合わせ、下穴をあけ、付属のビスを打つ。４つを同様に取り付けて、完成。

【棚付きテーブル(p.56)のつくり方】

【完成サイズ】(幅 × 奥行き × 高さ)
840×546×1280mm

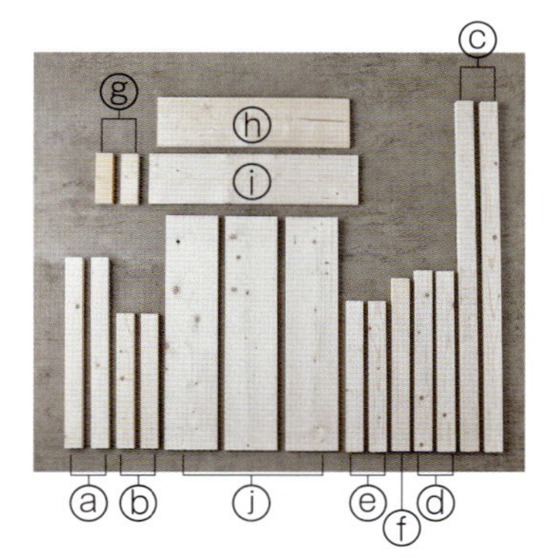

使用する木材 (長さ × 幅 × 厚み)

a	ホワイトウッド材	680×60×30mm	2本
b	ホワイトウッド材	480×60×30mm	2本
c	ホワイトウッド材	1280×60×30mm	2本
d	ホワイトウッド材	650×60×30mm	2本
e	ホワイトウッド材	540×60×30mm	2本
f	ホワイトウッド材	620×60×30mm	1本
g	ホワイトウッド材	183×60×30mm	2本
h	SPF 材	680×182×19mm	1枚
i	SPF 材	740×182×19mm	1枚
j	SPF 材	840×182×19mm	3枚

●展開図

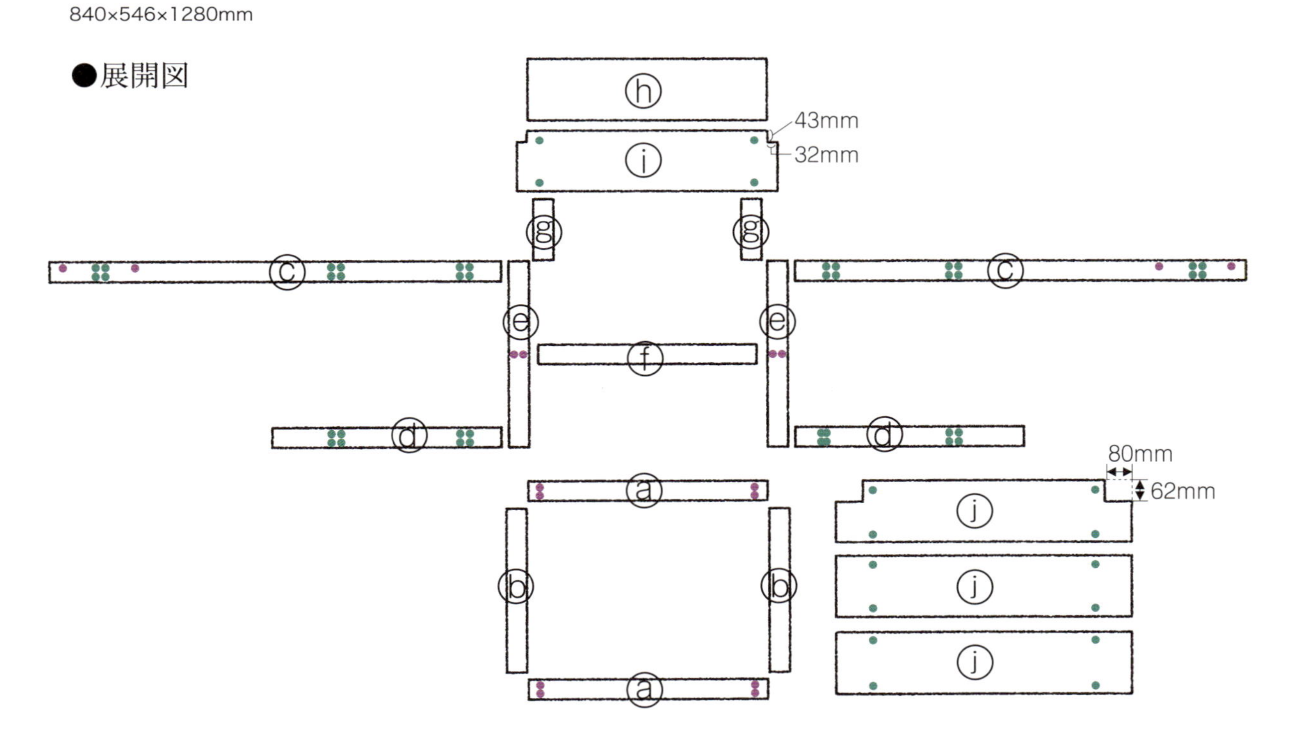

使用するビス

●60mm 16本
●45mm 56本

ペイント用の材料

・水性オイルステイン(オーク)
・水性ペンキ
アトム オールマイティーネオ(ホワイト)
・でんぷんのり
・紙やすり(# 100)
※ペンキの塗り方…脚はオイルステインをベースにホワイトを塗り重ね、天板はオイルステインを塗り、土で汚して仕上げる。p.62 は、脚がインディゴブルー、天板はホワイトを一度塗りし、やすりで削って仕上げる。

1

テーブルの台座をつくる。長板（a）の端と側面板（b）の断面の角を合わせる。上下の端から 1.5cm の位置に下穴をあけ、60mm のビスを２本打つ。

2

同様に、四隅を 60mm のビスで固定したら、台座の完成。板の長さに誤差が生じることがあるので、ビスで固定する前に、ぴったり四角形になるか一度仮置きするとよい。

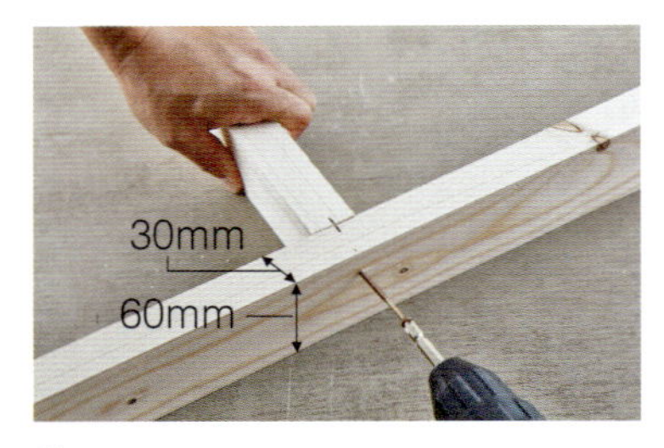

3

テーブルの脚を補強するＩ字形のパーツをつくる。短板（e）の長さの中心と、長板（f）の厚みの中心に印をつけて合わせ、60mm のビスを上下に２本打つ。

4

③の長板の反対側にも同様に 60mm のビスで打ったら、Ｉ字形の脚の支えの完成。

5

長い脚板（c）と短い脚板（d）の端を揃えて並べ、長板に短板と同じ長さの位置に印をつけ、側面にも線をつけておく。

6

②の台座に脚を付ける。テーブルは長方形なので、長い脚と短い脚の付ける位置を間違えないよう、まずは確認する。脚板（c、d）の幅の部分を台座の板にくっつけるようにする。

7

短い脚板（d）の上端を、台座の上端に合わせる。45mm のビスで、サイコロの４の目のように４か所打つ。１本打ち終わったら、サシガネを当てて水平を確認しながら、対角線上に１本ビスを打ち、残り２本も打つ。もう１本の短い脚板も同様に４本ビスを打つ。

8

長い脚板（c）を取り付ける。⑤でつけた線と台座の上端を合わせ、45mm のビスを１か所軽く打つ。もう片方の長脚にも仮打ちし、水平を確認したらビスを本打ちし、⑦と同様に残り３本ずつビスを打つ。

9

台座と脚４本をビスで固定した状態。台座の左右外側に脚がくるように取り付ける。ぐらつかないか、この段階で確認し、バランスが悪ければ、ビスを打ち直す。

10

４本の脚に、④のＩ字形の支えを取り付ける。全部の脚に、脚先から 12cm の位置に印をつけて線を引く。Ｉ字パーツの下端をこの線に合わせ、45mm のビスをサイコロの４の目のように４か所ずつ打つ。端から 1.5cm を目安に打つとよい。

11

棚の背面板（ｈ）を取り付ける。２本の長い脚を下にして作業台に寝かせ、背面板の上端とぴったり合わせる。背面板は薄いので、背面板の上下端から 1.5～２cm の位置に下穴をあけ、60mm のビスを２本打つ。

12

メジャーを背面板（ｈ）に垂直に当てて、下端から２cm の位置に印をつける。

13

⑫の線に、棚の支え板（ｇ）の下端を合わせる。脚に支え板の取り付け位置を線でなぞっておくと、水平をキープしやすい。支え板の上端から 1.5cm の位置に、45mm のビスを打つ。水平を確認し、対角線上にビスをもう１本打つ。

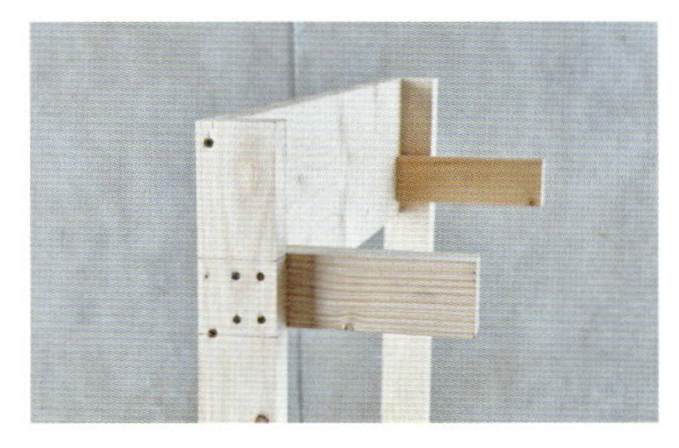

14

サイコロの４の目のように４か所打つ。反対側も、棚の支え板（ｇ）を同様に取り付ける。

15

テーブルの天板（ｊ）１枚の両端に幅 80× 奥行き 62mm の線をＬ字に引き、線のやや外側（使用する台を基準にして）をのこぎりで切る（p.93 参照）。

16

テーブルの台座に、⑮の板をぴったりはめ込む。台座の板幅の中心線上で、天板の手前端から３cm の位置に印をつける。

17

⑯で印をつけた延長線上で、脚の近くで台座のある場所に 45mm のビスを打ち、⑯で印をつけたところにもう１本ビスを打つ。反対側も同様にビスを２本打ち、残り２枚の天板も並べ、同様にビスを打つ。

18

棚板（ｉ）の両端を幅 32× 奥行き 43mm でカットし、⑭の支え板の上にのせてはめ込む。支え板の中心線上で、棚板の両端から３cm の位置に 45mm のビスを２本打ち、反対側も同様にビスを打つ。最後に p.95 ～ 97 の⑤～⑮と同様にやすりをかけ、ペンキを塗って完成。

植物名索引

＊ページ数が太字の植物は、科名や育て方などの記載があるものです。それ以外は、写真と植物名のみ紹介しています。

黒田健太郎

埼玉県にある「フローラ黒田園芸」に勤務。
華やかでセンスのよい寄せ植えに定評がある。季節の草花の魅力を存分に楽しめる寄せ植えやサンプルガーデンの様子をつづったブログ「フローラのガーデニング・園芸作業日記」は根強い人気があり、全国からお店を訪れるファンも多い。店内の商品を置くための台は、多くが自作したもので、本書では寄せ植えや鉢植えの花を、より素敵に見せるテクニックを披露。エイジング加工のテクニックや、シーンをつくるための小物使いなど、植物のある暮らしを楽しくするアイディアを、店頭でもブログやホームページでも発信し続けている。著書に『ひと鉢でかわいい 多肉植物の寄せ植えノート』、『ハンギングを楽しむ寄せ植えノート』、『寄せ植えや庭づくりに役だつ 草花の選び方・使い方ノート』（弟・和義さんと共著）（すべて家の光協会）ほか多数。

ブログ　https://ameblo.jp/flora-kurodaengei
ホームページ　http://florakurodaengei.com/

フローラ黒田園芸
埼玉県さいたま市中央区円阿弥 1-3-9
TEL 048-853-4547

デザイン　高市美佳
撮影　北川鉄雄
取材　山本裕美
校正　兼子信子
編集　広谷綾子

手づくりのスタンドに季節の花を
素敵に飾る小さな庭

2019 年 2 月 20 日　第 1 刷発行
2023 年 2 月 8 日　第 3 刷発行

著者　黒田健太郎
発行者　河地尚之
発行所　一般社団法人　家の光協会
〒162-8448　東京都新宿区市谷船河原町 11
電話　03-3266-9029（販売）
03-3266-9028（編集）
振替　00150-1-4724
印刷・製本　図書印刷株式会社

乱丁・落丁本はお取り替えいたします。
定価はカバーに表示してあります。

ISBN978-4-259-56608-1　C0061